EUROPÄISCHE TRAKTOREN

Die englischsprachige Originalausgabe erschien 2005 unter dem Titel *TRACTORS of EUROPE – The illustrated guide* bei Haynes Publishing, Sparkford, Yeovil, Sommerset BA22 7JJ, UK.

First published in Germany by Motorbuch Verlag.
Published in the United Kingdom by Haynes Publishing (UK).

Deutsche Fassung: Georg Sand

Einbandgestaltung: Dos Luis Santos

Bildnachweis: s. Seite 176

ISBN-13: 978-3-613-02567-7
ISBN-10: 3-613-02567-1

1. Auflage 2005

Sie finden uns im Internet unter
www.motorbuch-verlag.de

Lektorat: Joachim Kuch
Satz: Tebitron GmbH, 70839 Gerlingen
Druck und Bindung: Haynes Publishing Group, Graham Cook/Grossbritannien
Printed in Great Britain

EUROPÄISCHE TRAKTOREN

ANDREW MORLAND & PETER HENSHAW

Motor
buch
Verlag

Inhalt

FORD 4000
FORD

Danksagung

Wir möchten uns bei den folgenden Besitzern klassischer Europäischer Traktoren bedanken:
M. & D. Bastin, Pierre Bouille, Peter Bradley, Jean Claude Cadine, Christian Denis, Christian Duflos, Rik van Esser, Jean Faydi, Mike Fletcher, Marc Geerkens, Tiny Gerrard, Malcolm Goddard, Johann Hetlager, Johann Hood, Thein Jacobs, Duane Jankula, Jean Joubert, Patrick Kastner, Jaak Langers, Eric Leenders, W. M. van de Loo, Mecus Marcel, Marcel Meous, Jean Claude Nadaud, Lars Nieskins, Cor Nijsen, Sylvere Portier, W. V. D. Putten, Willy Reurners, Robert Rondoys, Paul van Samang, Theo Sauwen, Linda Schuurmans, Colin Shearn, Jim Spark, Jim Thomas, Mike Thorne, Dennis Volling und Oscar van de Weil. Weiterer Dank geht an den Belgischen Traktoren Club (Bocholter Tractoren en Motoren), der jedes Jahr Ende Mai eine große Oldtimer-Show veranstaltet.

Weitere Fotos wurden auf der Great Dorset Steam Fair gemacht, die jährlich Ende August in der Nähe von Blandford Forum in Dorset, Großbritannien, stattfindet und im Gingin Traktor Museum bei Genf in der Schweiz. Und außerdem besuchten wir noch diese Traktorenmessen: das Festival National de Vielles Mechaniques (Cazals, Frankreich); La Locomotion en Fete (Cerny la Ferte Alais, Frankreich, jährlich stattfindend); Location en FHMT Show (Pannigen, Niederlande, Ende Juli); das South Somerset Agricultural Preservation Club's Yesterday's Farming, Yeovil Festival of Transport; die Somerset Traction Engine Club's Somerset Steam Spectacular and Country Fair (Ham Hill, Somerset), und die Royal Bath & West Show (bei Shepton Mallet, Somerset). Und abschließend geht unser Dank an Peter Love vom *Tractor & Machinery Magazin.*

Der Fastrac von JBC war sowohl auf dem Feld, wie hier mit einer Ballenpresse von Claas, als auch wegen seiner hohen Geschwindigkeit auf Straße zu Hause.

Einleitung

Mit dem DMS-7,5 Liter-Turbo-Diesel von Schlüter wurde der Gebrauch von Bio-Diesel erprobt.

In den letzten 100 Jahren hat sich in Europa eine ausgeprägte Tradition im Traktorenbau entwickelt. So vielfältig wie der europäische Kontinent selbst, so variantenreich waren auch seine Traktorenmodelle, die von simplen Einzylinder-Glühkopfmotoren bis zu PS-starken Hightech-Maschinen reichten. Ganz im Gegensatz zur Lage in den USA, wo ein riesiger, einheitlicher Markt die Entstehung von Industriegiganten wie John Deere und AGCO erlaubte. Es ist dieser große Facettenreichtum, der die Geschichte der europäischen Traktoren mit ihren vielen technischen Neuerungen so interessant macht. So galt 1903 der in Großbritannien hergestellte Ivel als der erste funktionstüchtige leichte Traktor der Welt. In den 20er-Jahren betätigte sich in Deutschland die Firma Deutz als Pionier beim Einsatz von Dieselmotoren für Traktoren, während der Ire Harry Ferguson in den 30ern die revolutionäre hydraulische Dreipunkt-Geräteaufhängung erfand (auch wenn diese erst in den USA mit dem dort gebauten Ford 9N zum wahren Massenprodukt wurde). In jüngster Zeit waren Mercedes und Fendt die ersten Produzenten, die das fruchtbare Feld der Systemschlepper bearbeiteten, und der britische Hersteller JCB (berühmt für seine leuchtend-gelben Bagger) bereitete in den 90er-Jahren mit seiner *Fastrac-Serie* den Weg für eine neue Klasse bis zu 80 km/h schneller Traktoren.

Doch dies ist nicht nur die Geschichte Großbritanniens und Deutschlands. Frankreich brachte unzählige Traktorenfabrikate hervor – doch die meisten von ihnen waren nicht lange im Rennen, ganz anders als die Firma Renault, die noch heute eine starke Marktposition innehat. Italien hatte selbstverständlich immer Fiat, genauso wie zahlreiche weitere Spezialisten, wogegen Spaniens Traktorenindustrie nach dem Zweiten Weltkrieg durch Lizenzvergaben von Lanz und Ford entstand. Auch kleinere Länder, wie Dänemark, Schweden, Finnland und die Schweiz, haben alle ihren eigenen Beitrag zur Vielfalt geleistet, während im Ostblock Russlands Traktorenindustie bekanntermaßen fruchtbar gewesen ist und Zetor in der Tschechoslowakei (der heutigen Republik Tschechien) eine bedeutende Tradition im Maschinenbau besitzt.

Die rauen ökonomischen Bedingungen des späten 20. und frühen 21. Jahrhunderts ließen schließlich viele der Hersteller durch Fusionen, Übernahmen oder Schließungen verschwinden, und ein weiterer Teil der Vielfalt ging durch den globalisierten Markt verloren. Vielleicht ist dies auch der Grund, warum europäische Traktoren heute soviel Aufmerksamkeit hervorrufen, zeigen sie doch eine faszinierende Mischung aus europäischer Ingenieurskunst und landwirtschaftlicher Tradition, die noch immer auf zahlreichen Ausstellungen von Landmaschinen in ganz Großbritannien und auf dem europäischen Festland dank der Sammler und Restauratoren dieser faszinierenden Maschinen jeden Sommer zu bestaunen ist.

Oben: Ein Agrifull 60C bei der Arbeit in einem Weinberg bei Brisighella nahe Faenza und Bologna.

Gegenüber: Agrifulls eigentliches Geschäft war die Herstellung von Raupenschleppern, aber später bot man auch eine komplette Palette von Traktoren mit Rädern an.

Agrifull, Italien

Ein relativ kurzlebiger Name – Agrifull war der Versuch des Raupenschlepperherstellers Toselli, die komplette Bandbreite an landwirtschaftlichen Nutzfahrzeugen anzubieten. SAIMM stellte unter anderem Ballenpressen her und Garardi Pflüge und Ackerfräsen, während Toselli ein eigenes Sortiment an ausschließlich mit Rädern ausgerüsteten Traktoren anbot, die durch luftgekühlte Dieselmotoren von VM angetrieben wurden. Unter dem Namen Agrifull entwickelte sich eine breite Produktpalette, die von 30 PS bis zu 115 PS starken Maschinen reichte. Doch Agrifull bestand nur für ein paar Jahre und wurde 1977 von Fiat übernommen, das Toselli zu seiner Abteilung für Spezial-Traktoren machte.

Allis-Chalmers, Großbritannien

Allis-Chalmers war zwar keine europäische Traktorengesellschaft sondern eine amerikanische, aber wie viele US-Konzerne, beispielsweise John Deere und International, gründeten sie nach dem Zweiten Weltkrieg Werke in Europa, um den aufkeimenden europäischen Markt zu versorgen. Dadurch entfielen die Frachtkosten, um Maschinen quer über den Atlantik zu verschiffen, was mehr als sinnvoll war. Darüber hinaus waren die meisten der amerikanischen Traktoren – da für die Weiten des Mittleren Westens der USA entwickelt – viel zu groß und zu teuer für die bäuerlichen Betriebe Europas. So war es auch von dieser Seite her nötig, Traktoren für die speziellen europäischen Bedingungen zu entwerfen und sie auch gleich vor Ort zu bauen.

Trotzdem konnten einige der kleineren amerikanischen Modelle den Bedürfnissen des europäischen Marktes

FERRIFULL

XOD 463

angepasst werden. Dazu gehörte auch das Modell B von Allis-Chalmers. Es war den amerikanischen Farmern schon 1937 als Wegbereiter einer neuen Art von US-Traktoren vorgestellt worden, die auch für Agrarbetriebe kleineren Zuschnittes geeignet waren. Schon für weniger als 500 US-Dollar zu haben, bot er den Farmern die Möglich-keit, einen modern gestalteten, leichten Traktor ihr Eigen zu nennen. War er doch sogar von dem bekannten Industrie-designer Brooks Stevens entworfen worden, der ihm schon ein gefälliges stromlinienförmiges Äußeres gegeben hatte, als die meisten anderen Traktoren noch wie motorisierte Schachteln auf Rädern aussahen. Der Allis-Chalmers B wurde ein gewaltiger Erfolg und allein im ersten Jahr schon 11.000 Mal verkauft.

Die Produktion des amerikanischen Models B wurde 1957 eingestellt, aber von diesem Zeitpunkt an führte sein britischer Cousin die Linie für beinahe eine Dekade weiter. Allis-Chalmers wählte Southampton als Standort für seinen neuen europäischen Firmensitz. Die Nähe eines bedeutenden Hafens war zwar hilfreich für den Export in die anderen Teile Europas, doch lag Southampton hunderte Meilen von einigen der wichtigsten Traktorenmärkte des Vereinigten Königreiches entfernt. Als sich herausstellte, dass Allis-Chalmers englisches Werk hauptsächlich für den heimischen Markt produzierte, wurde entschieden, den Betrieb nach Lincolnshire zu verlegen. Dort war nicht nur eine zentralere Basis für den Vertrieb in ganz Großbritannien, es lag auch mitten im Herzen der wichtigsten Argrarregion des Landes. Zudem gab es hier mehr Raum für eine größere Fabrikanlage, die eine höhere Produktion erlaubte. Die dort hergestellten Traktoren wurden in Form und Technik zunehmend englischer, um den lokalen Gegebenheiten zu genügen, aber 1968 galt dieses Werk als unwirtschaftlich und so beendete Allis-Chalmers seine europäische Produktion.

Oben und Gegenüber: Der Allis-Chalmers ED40 wurde im englischen Werk von A-C entwickelt und entworfen. Der ED40 hatte einen Standard-Ricardo Dieselmotor mit 38 PS.

Unten und Links: Zu Beginn stellte die englische Allis-Chalmers Fabrik nur das Modell B her, aber dann entwickelte man 1955 den D270 mit elektrischem Zapfwellenantrieb. 1959 folgte dann der D272 mit stärkerer Leistung und einem Dreizylinder-Dieselmotor von Perkins.

Gegenüber: Der Traktor von Austin besaß den Benzinmotor des Austin 20, der für den Gebrauch in diesem nach dem Baukastenprinzip konstruierten Chassis aus Motor, Getriebe und Hinterachse modifiziert worden war.

Austin, Frankreich

Die Geschichte der Austin-Traktoren hält eine Überraschung bereit, denn viele Schlepper dieses typisch englischen Automobilherstellers wurden tatsächlich in Frankreich gebaut. Herbert Austin hatte, ähnlich wie Henry Ford, einen bäuerlichen Hintergrund, aber trotzdem begann er erst ab 1919 Traktoren herzustellen, ein paar Jahre nachdem er behilflich gewesen war, den Fordson nach England zu bringen, um die Nahrungsmittelproduktion während des Krieges zu unterstützen.

Austins eigener Traktor war dem Fordson sehr ähnlich, aber im Vergleich zu ihm viel teurer und so waren die Verkaufszahlen enttäuschend. Die Lösung des Problems lag in Frankreich, wo die Industrie durch Zölle geschützt war. Austin errichtete eine Fabrik in Liancourt und die Produktion ging weiter, einige in Frankreich gebaute Austins wurden sogar nach England exportiert. Das Angebot wurde 1933 mit der Einführung eines neuen, benzin-/kerosinbetriebenen Traktors auf der Pariser Landwirtschaftsschau, erweitert. Dieser bot bis zu 55 PS und war Austins bis dahin größter und stärkster Traktor. Diesem wiederum folgte schnell eine 45 / 55 PS Dieselversion, welche der damaligen Werbung zufolge, »eine enorme Überlegenheit gegenüber älteren und längst überholten Formen landwirtschaftlicher Kraft repräsentierte«.

Leider kam die französische Produktion durch den Zweiten Weltkrieg zum Stillstand und wurde danach nie wieder aufgenommen.

Unten: Das Markenzeichen dieses in Frankreich gebauten Traktors erklärt seine englischen Konstruktionsmerkmale; eine leistungsstärkere 55 PS-Maschine folgte später.

Austin

Babiole, Frankreich

Anders als viele seiner Zeitgenossen verzichtete der kleine Babiole-Traktor zugunsten des Vierzylinder-Benzinmotors vom Peugeot 203 auf einen Einzylinder-Dieselmotor und besaß so eine relativ ruhig laufende Maschine mit 1.290 cm³ und 20/22 PS. Der Babiole Super-Babi wie auch der Multi-Babi waren an ihren modernen Vorbauten mit den für diese Zeit untypischen Frontscheinwerfern zu erkennen. Sie waren ebenfalls mit einem Perkins-Dieselmotor erhältlich. Die Babioles wurden bis Mitte der 50er-Jahre in Ivry-sur-Seine gebaut.

Rechts: Babiole war einer der zahlreichen französischen Hersteller von Traktoren für den Weinanbau, zu denen u. a. anderem Sabatier und Derot-Tecnoma zählten.

Bautz, Deutschland

Die Zeitspanne der Bautz-Traktoren war nur sehr kurz bemessen, obwohl die Herstellerfirma ein alteingesessener Produzent für Erntemaschinen war. Schon für den ersten Bautz von 1948 wurde ein 11 PS starker MWM-Einzylinder-Dieselmotor verwendet und auch die meisten späteren Modelle rüstete Bautz mit MWM-Motoren aus, obwohl die Firma ihre eigenen Fünfganggetriebe baute. Ein späteres Beispiel war der Zweizylinder AS240 von 1954, der mit einem 24 PS leistenden 1,7 Liter-MWM-Motor produziert wurde. Die Firma verkaufte auch Nuffield-Traktoren, um in einer weiteren Klasse konkurrenzfähig zu sein, aber sie machte selbst keinerlei Anstalten, größere Maschinen zu entwickeln. Bautz stellte Mitte der 60er-Jahre die Produktion ein, als die Fabrik vom Landmaschinenhersteller Claas aufgekauft wurde.

Oben: Schon bevor die Firma Nuffield-Traktoren verkaufte, stellte Bautz eigene Schlepper mit MWM-Motoren her.

Belarus, Russland

Gegenüber: »Belarus« hießen in der UdSSR für den Export produzierten Traktoren, wie dieser in der tschechischen Republik gesehene Raupenschlepper. Die ersten sowjetischen Traktoren waren noch stark von einem amerikanische Erscheinungsbild geprägt. Von 1924 bis 1932 baute man in Kirov Fordsons in Lizenz.

Bevor sie auseinanderbrach, war die frühere UdSSR mit ihrem in Minsk liegenden größten Traktorenwerk der Welt, der produktivste Traktorenhersteller überhaupt. Die in der UdSSR (dem jetzigen Russland) hergestellten Maschinen trugen die unterschiedlichsten Bezeichnungen auf ihren Motorhauben, die meisten wurden jedoch unter dem Markennamen Belarus exportiert.

Vor der bolschewistischen Revolution hatten nur vereinzelt Traktoren den Weg nach Russland gefunden, aber in den ersten Jahren des neuen Regimes sah man nun Tausende von importierten Fordsons. Henry Ford, der leidenschaftliche Verfechter freier Märkte, wollte auch der sowjetischen Regierung helfen. Innerhalb nur weniger Jahre wurde in Leningrad tatsächlich die Kopie eines Fordson-Traktors angefertigt. Die Sowjets bauten außerdem eine Kopie des International 15-30, den dann in Stalingrad produzierten STZ 15-30. Im Stalingrader Werk kam 1937 auch der erste, in Russland entworfene Traktor, ein Raupenschlepper namens STZ3, heraus. Es wurden über 20.000 Exemplare davon gefertigt und zusätzlich gab es eine Militärversion, die auf die Belange der Roten Armee zugeschnitten war. Nach dem Krieg wurde er in aktualisierter Form zum STZ5, bevor er 1963 durch den DT75 ersetzt wurde. Dieser 6,3 Liter Direkteinspritzer war bis 2002 erhältlich und wurde, wenn er nach Großbritannien exportiert werden sollte, meist mit einer englische Fahrerkabine ausgestattet.

Statt mit Kettenantrieb gab es den Belarus auch in einer Ausführung mit Rädern, wie die 1990er Reihe, zu der auch der 130 PS 1221 gehörte, während die gesamte Angebotspalette Maschinen von 6 PS bis 130 PS umfasste.

Unten: Dieser Belarus 570 von 1970 wurde in Spanien bei der Arbeit entdeckt.

Gegenüber: Bolinder-Munktell war das Ergebnis einer Fusion zweier schwedischer Maschinenbauunternehmen. BM arbeitete aber auch eng mit Volvo zusammen, das die Firma in den 50er-Jahren übernahm.

Bolinder-Munktell, Schweden

Bolinder-Munktell war, wie der Name unschwer erkennen lässt, das Resultat einer Fusion. Munktell baute Druckmaschinen, Eisenbahnlokomotiven und Drescher, bevor 1913 der erste Traktor entstand. Dieser gewaltige 8-Tonner brauchte einen 14 Liter Zweizylinder-Halbdiesel-Zweitakter, der mit unterschiedlichen Kraftstoffen betrieben werden konnte. Er war zwar in der Lage, eine Fläche von rund 4000 m^2 in einer Stunde umzupflügen, aber einfach zu riesig. Er wurde schnell durch eine abgespeckte Einzylinder-Variante mit 12,7 Litern abgelöst und 1921 schließlich von dem durch den Fordson beeinflussten Modell 22 ersetzt.

Die Gebrüder Bolinder bauten bereits seit 1893 Verbrennungsmotoren, wobei sie zu Beginn der 30er-Jahre die Hälfte der Produktion ins Ausland exportierten. Ihre Firma konnte aber nicht mehr allein überleben und so fusionierten sie 1932 mit Munktell zu AB Bolinder-Munktell.

Das erste fruchtbare Ergebnis dieser Verbindung war der BM 25 mit Bolinder-Motor, ein weiterer Zweitakt-Halbdiesel mit einer Spitze von 900 U/min und einem wesentlich schnelleren Start, als dies allen vergleichbaren Modelle möglich war. Eine vergrößerte 40 PS-Variante wurde noch kurz vor Kriegsbeginn herausgebracht und nur wenig später hatte BM auch einen Sechszylinder-Traktor mit Volvoantrieb im Angebot.

Dies war der Beginn einer langen Verbindung mit Volvo und nach dem Zweiten Weltkrieg produzierten beide Gesellschaften sehr ähnliche Modelle (BM in Grün und Volvo in Rot) bei denen der einzig wirklich große Unterschied die Motoren waren. Während Volvo Viertakter-Vierzylinder-Maschinen einbaute, setzt BM beharrlich weiter auf Zweitakter-Halbdiesel und dies änderte sich auch erst 1950, als Volvo die Gesellschaft übernahm. Ab 1952 erhielten die BM-Traktoren Dieselmotoren mit Direkteinspritzung, die sich an der MWM-Bauweise orientierten. Das erste Exemplar mit dieser Ausstattung war ein 3,4 Liter-Dreizylinder, von dem ein Jahr später eine Vierzylinder-Variante vorgestellt wurde. So angetrieben wurde der BM 55 (und der vergleichbare Volvo T55, jetzt mit demselben Antrieb versehen) ein exportfähiges Produkt. Dazu gesellte sich 1955 noch der BM 230, die Zweizylinder-Ausgabe des neuen Diesels.

In den späten 50er-Jahren verschmolzen die BM- und Volvo-Traktoren miteinander zu der neuen Marke BM Volvo, ein frühes Beispiel hierfür ist der T350 Boxer von 1959, eine vergrößerte 3,8-Liter-Ausführung des Dreizylinder-Diesels. Aus diesem wurde dann in der Vierzylinder-Ausführung der T470 Bison mit 73 PS. Aber Traktoren-Hersteller können nicht auf der Stelle treten und so erschien 1964 die weiterentwickelte Ausgabe als T400 Buster mit Achtganggetriebe. Nach weiteren zwei Jahren wurde der Bison durch den Sechszylinder T800 ersetzt, dessen Volvo-Antrieb ihn zum ersten 100-PS-Traktor von BM Volvo machte. Dieser erhielt später einen Turbolader, bis er es in dem allradbetriebenen T814 endlich auf stolze 136 PS brachte. BM Volvo hatte auch bei den Fahrerkabinen die Nase vorn und entwickelte seine robusten und vergleichsweise schalldichten Kabinen weit vor den meisten anderen Händlern.

In den 70er-Jahren kamen die Traktoren, inklusive der neuen Modelle wie dem T700 Turbo mit Trac-Trol Powershift (auch wenn das eigentlich erst 1969 auf den

Rechts: Der 350 hatte ein Zehngang-Getriebe und eine unabhängige Zapfwelle. Später erhielt er den 73 PS starken Vierzylinder-Diesel Bison T470.

BM

Gegenüber: Dieser Bristol 20 von 1949 – Besitzer ist Arthur Farnes aus Sussex – ist ein typischer Raupenschlepper des Herstellers. Er besitzt den Vierzylinder-Benzinmotor des Austin 16.

Markt kam) und dem 2650/2654, nun unter dem Markennamen Volvo BM heraus. Letztere ersetzten die 800er Reihe, doch ihre Stärke erhielten sie immer noch durch die Volvo TD60 Einheit, die nun aber mit einem Sechzehngangetriebe mit Trac-Trol ausgestattet war. Um 1978, als Volvo BM eine Vereinbarung mit Valmet zur Co-Entwicklung des neuen »Nordic Traktors« unterzeichnete, reichte das Angebot vom 2200er mit 56 PS bis zum 140 PS starken 2654.

Der Nordic Traktor erschien 1982 als die 05er Reihe von Volvo BM und Valmet, die vom 505 mit 65 PS bis zum 805 mit 95 PS reichte und zu denen sich schon bald auch der 105 PS leistende Sechszylinder 905 gesellte. Das gemeinsame Projekt hielt nur für drei Produktionsjahre, bis Valmet 1985 seinen ehemaligen Partner aufkaufte, was dann auch den Endpunkt der Volvo BM-Traktoren-Historie markierte.

Bristol, Großbritannien

Bristols kleine Raupenschlepper wurden ab Anfang der 30er für ungefähr 40 Jahre von verschiedenen Firmen in Folge gebaut. Von Walter Hill entworfen, zielte er vor allem auf Gartenbaubetriebe und Kleinbauern ab. Der erste wurde vom Douglas Motorrad Konzern montiert und Douglas lieferte auch den 1,2 Liter großen Zweizylinder-Boxermotor. Später ging die Produktion an die Firma Jowett in Yorkshire, die Jowett Zweizylinder- und Vierzylinder-Boxer einbaute und nach dem Zweiten Weltkrieg dann Austin Benzin- und Perkins Diesel-Motoren verwendete. Bristol wurde später von Marshall übernommen und schließlich wurde die Produktion zu Beginn der 70er-Jahre eingestellt.

Unten: Der Bristol 20 war eine kompakte Maschine: einen Meter breit und 1.360 kg schwer. Er hatte eine Zapfwelle und wurde mit Ketten von Roadless geliefert.

Unten: Das sorgfältig restaurierte Exemplar eines Bucher von 1955 mit einem Zweizylinder-Motor mit 24 PS von MWM. Bucher-Traktoren gab es nur zwischen 1950 und 1971.

Bucher, Schweiz

Die Firma Bucher aus der Schweiz baute, obwohl sie eine lange Tradition in der Herstellung von Landmaschinen besaß, nur von 1954 bis 1971 Traktoren. Alle wurden von luftgekühlten MWM-Dieselmotoren angetrieben, aber Bucher beschloss, sich wieder auf seine Ackerfräsen und Mähmaschinen zu konzentrieren, weshalb diese schmucken, kleinen Schweizer Traktoren auch rar gesät sind.

Bührer, Schweiz

Bührer war ein weiteres kleines Schweizer Traktorenfabrikat, dessen Größe bei Weitem durch seine Bereitschaft, die neusten und innovativsten Ideen in der Traktorentechnologie aufzugreifen, übertroffen wurde. Obwohl Bührer bis 1930 noch keine Traktoren gebaut hatte, war der Hersteller 1941 einer der ersten, der Dieselmotoren einsetzte. Er war auch wieder an vorderster Front zu finden, als es um den Einsatz von Mehrganggetrieben wie dem Bührer-Triplex-Getriebe mit zehn Vorwärts- und zwei Rückwärtsgängen ging. Ab 1964 war dann das fünfzehngängige Tractospeed-Leichtschaltgetriebe erhältlich.

Oben: Bührer teilte sich den Schweizer Traktorenmarkt mit Hürlimann, wurde aber 1978 geschlossen. Dies ist ein 0513 von 1955.

Links: Bührer nutzte eine große Anzahl eingekaufter Motoren, oft aus dem Automobilbau (Benzin und Diesel) von Opel, Standard-Triumph, Mercedes, Ford und Chevrolet.

Rechts: Neben seinem eigentlichen Kerngeschäft, der Herstellung von Dieselmotoren, hielt sich der dänische Hersteller Bukh nebenbei auch noch für elf Jahre auf dem Feld der Traktorenherstellung auf.

Unten: Dies ist ein D30, ein früher Bukh, der bald durch den Super 302 und 452 abgelöst wurde, bevor die vollkommen neuen Modelle Juno, Jupiter und Herkules 1966 an ihre Stelle traten.

Bukh, Dänemark

Trotz seiner starken landwirtschaftlichen Industrie war Dänemark nie ein besonders bedeutender Produzent von Traktoren, genauer gesagt gab es nur ein Fabrikat, das in nennenswerter Anzahl hergestellt wurde: der Bukh. Die Firma Bukh wurde bereits 1904 gegründet, um Motoren für eine Vielzahl von Einsatzmöglichkeiten herzustellen (was auch immer das Hauptgeschäft blieb), Schwerpunkt blieb dabei der Bau von Schiffsmotoren.

Doch ab 1957 baute Bukh für elf Jahre auch Traktoren. Selbstverständlich wurden diese von eigenen Bukh-Dieselmotoren angetrieben und der erste DZ30 sowie der erste DZ45 fuhren mit einem Zwei- respektive Dreizylinder-Dieselmotor. Kurz danach kamen der D30 und der D40 hinzu und 1958 erschienen zusätzlich noch der Super 302 und 452. Der erste Vierzylinder-Bukh war der Ende 1961 erschienene Super 554, aber 1966 brachte die Gesellschaft dann drei komplett neue Maschinen auf den Markt.

Dies waren der 3,4 Liter-Dreizylinder-Diesel Juno, der 4,5 Liter-Vierzylinder Jupiter und das Glanzstück der Kollektion, der Sechszylinder Herkules mit mächtigen 6,75 Litern. Aber dieses stellte bereits auch den Höhepunkt der Bukh'schen Traktorenproduktion dar, die nur einige Jahre später endete. Danach wendeten sich die Dänen wieder ihrem Kerngeschäft zu: Dem Bau von Dieselmotoren für Dritte.

BUKH
DIESEL
BUKH

Bungartz, Deutschland

Wie viele der kleineren deutschen Hersteller, baute auch Bungartz kleine, einfache Traktoren, die von eingekauften Markenmotoren angetrieben wurden. Die Bungartz & Co. Maschinenfabrik hatte ihren Sitz in München und brachte ihren ersten Traktor in den späten 30ern mit einem Antrieb von DKW heraus. In der immerhin dreißig Jahre währenden Produktionszeit wurden auch Motoren von Fichtel & Sachs, Deutz, Hatz und MWM eingebaut und Bungartz stellte sogar einige eigene Motoren her.

Auf den ersten Blick gab es zwischen einem durchschnittlichen Bungartz und einem ähnlichen von Porsche, Bautz oder Deutz kaum einen Unterschied. Doch bei näherem Hinsehen entdeckt der geneigte Betrachter vielleicht verlängerte Drehzapfen an den Vorderrädern, um das Lenkgetriebe hoch oben über den Rädern zu plazieren. Es sieht zwar etwas merkwürdig aus, aber es ermöglicht einem so ausgestattetem Bungartz eine 90°-Drehung fast auf der Stelle, ein wahrer Segen bei Wendemanövern in engem Gelände.

Anders als die meisten deutsche Hersteller kleinerer Traktoren zeigte Bungartz zum Ende der 50er-Jahre nur eine geringe Neigung, größere Maschinen herzustellen, zumal der Export nach Italien und in die USA weiterlief. 1974 wurde die Firma von dem Unternehmen Gutbord/Moto Standard übernommen, das die Traktorenproduktion beendete.

Oben: Wie die französische Traktorenindustrie, so lieferte auch die deutsche für den Weinbau und stellte Maschinen her, die kompakt genug waren, um sich zwischen den Rebstöcke zu bewegen.

Links: Der luftgekühlte Diesel von Hatz war der bevorzugte Antrieb bei Traktoren von Bungartz, wie bei diesem T3 von 1953.

Oben: Dieser Citroën B2 ist reif zur Restaurierung, besitzt aber noch seinen Vierzylinder-Motor.

Citroën, Frankreich

Citroën beschäftigte sich nur recht kurz mit dem Traktorenbau, obwohl das Unternehmen Landmaschinen baute und für ihren Halbkettenantrieb berühmt war. Der erste Citroën-Traktor kam 1919 heraus, eine leichtgewichtige Maschine in Einheitskonstruktion. Er wurde durch einen 1,327 cm^3 Vierzylinder-Motor mit Zweiganggetriebe angetrieben und wog nur 840 kg. Doch trotz des niedrigen Preises lief der Verkauf schleppend und es wurden nur 700 Stück hergestellt. Dagegen war der von M. Kegresse erfundene Gummi-Halbkettenantrieb wesentlich langlebiger. Für ihn fanden sich die unterschiedlichsten Verwendungszwecke, einschließlich der Erkundung von Wüsten und Bergketten, aber einige kamen auch tatsächlich auf Bauernhöfen zum Einsatz. Abgesehen von in Eigenarbeit umgerüsteten Personenwagen waren dies die einzigen Citroëns, die zur Landarbeit herangezogen wurden.

Clayton & Shuttleworth, Großbritannien

Clayton & Shuttleworth war ein in Lincoln ansässiger Hersteller von Dampfmaschinen, der 1911 seinen ersten, mit einem Verbrennungsmotor ausgerüsteten Traktor präsentierte. Er war auf schwere, starke Maschinen spezialisiert und produzierte auch den 100 PS Raupenschlepper Multipede. Die Firma war auch am Aufbau von HSCS in Ungarn beteiligt, wurde aber 1926 von Marshall übernommen und nur zwei Jahre später endete die Produktion.

Gegenüber: Clayton & Shuttleworth begannen mit Dampflokomobilen, machten aber auch später vierrädrige Öltraktoren. Der erste Raupenschlepper erschien 1916.

ON ENGLAND
CRAWFORD
Clayton

Continental, Frankreich

Die Firma Continental aus Lyon, bestens bekannt für ihre Raupenschlepper, bot bis 1970 auch Traktoren an. Bereits 1948 stellte man Raupenschlepper mit Vierzylinder-Maschinen von 2,4 bis 7,8 Litern Hubraum und mit 32 bis 65 PS her. Diese besaßen alle ein Sechsganggetriebe und einige waren mit einem Perkins-Diesel ausgestattet.

Später stieg die Gesellschaft auf kleinere Raupenschlepper mit bis zu 5,4 Liter-Motoren um, die auf den Weinanbau ebenso abzielten wie auf den normalen Landbau. 1967 wurde das Sortiment um eine 8,1 Liter Maschine erweitert (komplett mit einem Wandlergetriebe), die allerdings besser für Baustellen geeignet war als zum Ziehen eines Pfluges. In dieser Zeit änderte sich der Name auch zu Richard-Continental; und in die größeren Modelle wurden LKW-Motoren von Berliet eingebaut.

Oben: Die Raupenschlepper von Continental erhielten unterschiedliche Motoren – dies ist ein 55 PS starker Vierzylinder-Diesel von Panhard, es wurden aber auch Berliet- und Irot-Antriebe angeboten.

David Brown / Oliver, Großbritannien

Wäre da nicht das Genie von Harry Ferguson gewesen, David Brown hätte wohlmöglich nie auch nur einen einzigen Traktor gebaut. Die Firma in Huddersfield war in den 30er-Jahren ein anerkannter Getriebehersteller, der im 19. Jahrhundert damit begonnen hatte, zunächst aus Holz und später aus Eisenguss Getriebe zu bauen. Harry Ferguson entschied, dies sei genau das

Gegenüber: Dieser Continental Raupenschlepper CP60N, gebaut von der Richard Freres Company, ist ein typischer Vertreter seiner Gattung mit 32–48 PS im Jahr 1948.

Oben: Die Traktorenproduktion von David Brown begann zwar als gemeinsame Unternehmung mit Harry Ferguson, aber die Gesellschaft entwickelte schnell ihre eigene Maschine, den VAK. Dies ist ein VAK1A.

Rechts: David Browns 30D (hier von 1954) wurde zwischen 1953 und 1958 angeboten und war eine verbesserte Ausführung des Cropmasters mit einem 34 PS-Direkteinspritz-Diesel.

richtige Umfeld um seinen neuen Ferguson-Traktor zu bauen, der mit der revolutionären Dreipunkt-Geräteaufhängung ausgerüstet werden sollte.

David Brown, Enkel des Firmengründers und selbst Ingenieur, sah sofort das Potenzial, das in der Ferguson Anhängerkupplung lag, die eine Hydraulik mit einer automatischen Tiefenkontrolle kombinierte und es so einem leichten Traktor ermöglichen würde, weit stärkere Maschinen auszustechen. Die beiden Männer schlossen ein Abkommen – David würde den Traktor bauen und Harry ihn verkaufen – und der kleine Ferguson-Brown ging im Nu als vielleicht zukunftsweisendster Traktor seiner Zeit in Produktion.

Doch schon bald zeigten sich erste Risse in dem, was zu Beginn als die ideale Partnerschaft erschienen war. Beide, Brown und Ferguson, waren ausgesprochen willensstarke Individuen, die es gewohnt waren, ihren Kopf durchzusetzen und so war ein Bruch auch wohl unvermeidlich. Der kritische Moment kam, als der Verkauf des neuen Traktors eher enttäuschend verlief, was hauptsächlich an seinem zu hohen Preis lag. Trotzdem bezichtigte Harry Ferguson seinen Partner Brown mangelhafter Qualität und weigerte sich, über irgendwelche Konstruktionsveränderungen auch nur nachzudenken. Es wurde so schlimm, dass der irische Ingenieur, ohne seinen Partner darüber zu informieren, nach Amerika fuhr und dort seinen Traktor Henry Ford vorführte.

David Brown seinerseits entwarf heimlich einen eigenen Traktor, komplett mit Dreipunkt-Geräteaufhängung. Im Jahr 1939 war die Ferguson-Brown Gesellschaft dann wirklich tot, aber David Brown mit seinem neuen VAK1 auf eigene Rechnung im Traktorengeschäft tätig. Der VAK1, leicht zu erkennen an seiner charakteristischen schmalen Verkleidung, die entworfen worden war,

Unten: Dieser 30D mit angehängtem Albion Feldhäcksler war ebenfalls mit Benzinantrieb als 30C erhältlich. Der Besitzer ist Mike Fletcher aus Wellington, Somerset.

Rechts: David Browns Wille, in den nordamerikanischen Markt vorzudringen, führte zu einem Lizenzvertrag mit Oliver.

Gegenüber: 1959 besuchten Olivers Ingenieure David Brown und waren von der robusten Konstruktion des Traktors beeindruckt.

Unten: Die Oliver-Modelle 500 und 600 waren schlicht umlackierte und umbenannte David Browns; hier ein 500 von 1961.

Rechts: Die Vierzylinder-Antriebe entwickelten 32 PS (500) oder 52 PS (600), aber dem Projekt war nur mäßiger Erfolg beschieden, mit nur 2.148 gebauten 500 bzw. 600 von 1960 bis 1963.

um wenigstens ein bisschen Regen und Wind vom Fahrer fernzuhalten, wurde 1954 durch den sehr ähnlich aussehenden Cropmaster ersetzt. Dieser war ein über alle Maßen beliebter Traktor, die Firma baute ihn fast 60.000 Mal. Es gab ein großes Angebot an Zusatzgeräten und das Modell war sowohl als Benziner als auch als Diesel erhältlich. Dazu kamen schnell die einfacheren, preiswerteren DB25 und DB30, sowie der Sechszylinder VAD6, letzterer mit einem 50 PS starkem Dieselmotor.

Die späten 50er-Jahre waren produktive Zeiten für David Brown, dem sein als Sortimentserweiterung gedachter 40 PS starker Typ 900 technische Probleme bereitete und der daher schnellstmöglich durch den 950 ersetzt wurde, der nur geringfügig stärker war, aber zusätzlich über eine elektrisch gesteuerte Hydraulik und PTO (power take off = Druckanschlussstelle der Hydraulik) verfügte. Dieser war wieder erfolgreicher und es kamen schnell die kleineren 850 und 880 dazu. 1961 ersetzte der 990 wiederum den 950, und der stellte sich bald als der erfolgreichste Traktor von allen heraus.

Inzwischen war das Unternehmen eine Verbindung mit Oliver aus den USA eingegangen. David Browns Traktoren wurden mit dem Oliver Markenzeichen versehen und in den USA verkauft. Das Unternehmen begann sich nun immer stärker auf für den US-Markt entworfene Traktoren zu konzentrieren, und es wurden ehrgeizige Pläne gemacht. Aber der relativ kleine Konzern hatte sich überschätzt, und 1972 wurde seine Traktorenabteilung von Case übernommen. Letztlich

OLIVER
OLIVER

Rechts: Dieser 1412 ist für die Elemente Luft, Licht und Wasser geöffnet, aber eine »Sta-dri«-Kabine war ebenso optional erhältlich wie das neue halbautomatische Hydra-shift-Getriebe.

Unten: Die letzte Reihe der in Meltham gebauten David Brown-/Case-Traktoren war die 94er-Serie (hier ein 1594 mit Hydra-shift), deren Produktion mit der Schließung der Meltham-Fabrik 1988 endete.

gab aber dieser Umstand David Brown die finanzielle Sicherheit, um seine Modelle durch die 70er-Jahren hindurch weiterzuentwickeln, wie den 1974 erschienenen, 91 PS starken Turbolader 1412, der wiederum 1976 mit ruhigerer Kabine versehen wurde und dann, drei Jahre später, seinen ersten 100 PS starken Traktor, den 1690.

Wenn auch nur kurz, so waren die Modelle der 90er Baureihe doch die meistverkauften Traktoren Britanniens, doch die Marke David Brown verschwand 1983, als die 90er- durch die 94er-Reihe ersetzt wurde. Von nun an trugen alle Traktoren, die aus dem Werk in Meltham rollten, das Markenzeichen Case. Das gesamte Angebot reichte nun vom 48 PS leistenden 1194 bis zum Turbolader 1694, aber seine Tage waren gezählt. Die neufusionierte Case-International sah sich plötzlich im Besitz von zwei englischen Fabriken, wollte aber nur eine, und da die International Produktionsstätte in Donchester als die bessere von beiden erachtet wurde, wurde das ehemalige Werk David Browns im März 1988 geschlossen.

Deutz, Deutschland

Zusammen mit Mercedes-Benz war Deutz ein Vorreiter bei der Nutzung von Dieselmotoren als Traktorantrieb. Ein Pioniergeist mit Tradition: Deutz hatte auch schon eine Schlüsselrolle bei der Konstruktion der ersten Verbrennungsmotoren gespielt. Der Ingenieur Eugen Langen hatte Nikolaus Otto dabei unterstützt, in der Werkstatt in der Kölner Altstadt den ersten Viertakt-Benzinmotor der Welt zu bauen, den beide 1867 auf der Pariser Weltausstellung präsentierten. 1869 zieht die Firma an die Grenze von Mühlheim und Deutz. Im Jahre 1872 wird die Firma in eine Aktiengesellschaft umgewandelt, und es entsteht die »Gasmotoren-Fabrik Deutz AG«. Und es kamen weitere berühmte Namen aus der Anfangszeit des Verbrennungsmotors hinzu – Gottlieb Daimler als technischer Direktor und Wilhelm Maybach als Chefkonstrukteur –, um für die Firma Deutz zu arbeiten, die schon bald mit 240 Arbeitern die Serienproduktion von Viertaktmotoren begann. Das Unternehmen wird daher vor allem als Motorenhersteller in Erinnerung bleiben.

Als Deutz 1907 seine erste Landmaschine baute, experimentierte Rudolph Diesel immer noch an einem Motor mit Kommpressionszündung, der später seinen Namen tragen und zum Standardtyp des Traktormotors auf der ganzen Welt werden sollte. Auf Deutz hinterließ der erste Ausflug in die Welt der Landwirtschaft jedoch keinen großen Eindruck und man konzentrierte sich bis ungefähr Mit-

Oben: Deutz war ein Pionier auf dem Gebiet des Diesel-Antriebs für Traktoren und brachte so eine Maschine erstmalig schon 1927 heraus.

Links: Dieser MTZ mit 27–30 PS ist ein späterer Diesel, wie er zwischen 1932 und 1934 produziert wurde. Er hatte einen 6,4 Liter Zweizylinder-Motor und ein Dreigang-Getriebe.

te der 20er-Jahre auf Fahrzeuge für die Forstwirtschaft. Erst 1926 rollte der erste von Deutz produzierte Traktor aus den Werkshallen im gleichnamigen Kölner Stadtteil. Der MTH 222 war mit einem liegenden Einzylinder-Viertakt-Dieselmotor mit Verdampfungskühlung ausgerüs-tet, der 14 PS leistete. Bis 1930 wurden 540 Exemplare gebaut.
Bis Mitte der 30er-Jahre baute Deutz vor allem Traktoren für landwirtschaftliche Großbetriebe und Fuhrunternehmen. Schließlich erschien 1936 der »Bauerndeutz« F1M414: Dies war natürlich wieder ein Diesel, diesmal mit einer 11 PS starken Einzylindermaschine und einer Zapfwelle mit 540 U/min als Standardausführung. Der Preis betrug 2.300 Reichsmark, damit sich auch kleinere Höfe das Fahrzeug leisten konnten. In mehr als zehn Produktionsjahren entstanden fast 20.00 Exemplare dieses Traktors.1938 wurde die Klöckner-Humboldt-Deutz AG (KHD) gegründet, die im Zweiten Weltkrieg eine Vielzahl von Fahrzeugen und Antriebsmaschinen baute. 1949 begann Deutz mit der Serienproduktion von luftgekühlten Dieselmotoren.

Inzwischen befanden sich Deutz-Dieseltraktoren wieder in Massenproduktion und um 1955 konnte die Gesellschaft stolz verkünden, insgesamt 100.000 Stück – nicht schlecht für ein anfängliches Nebenprodukt – und dazu noch gut 275.000 luftgekühlte Dieselmotoren gebaut zu haben. Ein Großteil dieser Traktoren (zwischen 1945 und 1960 ca. 15.000 Stück) wurden an französische Bauern verkauft, die sich nach dem Krieg nicht daran störten, deutsche Produkte zu erwerben. Die Produktion wurde hauptsächlich von kleinen Ein- oder Zweizylindermaschinen bestimmt, doch der Traktorenmarkt veränderte sich schnell und die Landwirte verlangten nach größeren und stärkeren Maschinen. So

Oben: In den ersten Nachkriegsjahren konzentrierte sich Deutz auf kleine Traktoren, wie diesen F2L 612 von 1956.

Mitte: Über viele Jahre stand Deutz treu zu dem Konzept der Luftkühlung, wie auch bei diesem D80.

Links: Um 1964, als dieser D80 gebaut wurde, hatte sich Deutz von kompakten Traktoren entfernt. Der Sechszylinder Diesel D80 war standardmäßig luftgekühlt und besaß eine Servolenkung.

Oben: Klein und groß: Der Sechszylinder D80 mit 75 PS macht den Deutz 15 zum Zwerg; beide Modelle stammen aus den frühen 60er-Jahren.

Links: Dieser D15 war nicht der kleinste Traktor, den Deutz anbot. 1954 wurde auch eine luftgekühlte Einzylinder-Dieselmaschine mit 736 ccm und 11 PS verkauft.

Oben: Ein luftgekühlter Sechszylinder Deutz D8006 mit Vierradantrieb und 73 PS. Dies war eines der in die USA exportierten Traktormodelle.

musste Deutz, ebenso wie Landini, Marshall und Lanz – allesamt ergebene Anhänger des Einzylinder-Dieselmotors – verstärkt in die Produktion von Mehrzylindern einsteigen.

Bis 1968 erwarb KHD die Mehrheit an der Maschinenfabrik Fahr AG in Gottmadingen, der eine Vergangenheit als unabhängiger Traktorenproduzent hatte. Fahr war als solcher erstmals 1938 in Erscheinung getreten (unter Verwendung von Deutz-Dieselmotoren), und produzierte weiter, bis es 1956 zur verstärkten Kooperation mit Güldner kam. Anfang der 60er-Jahre erwarb KHD zunächst 25 % der Anteile.

Die Firma Deutz bot mittlerweile ein komplettes Sortiment von Vier- und Sechszylinder-Maschinen an, die alle einen luftgekühlten Diesel besaßen, etwas, dass dieses Fabrikat für lange Zeit einzigartig machte. Das Unternehmen begann auch in die USA zu exportieren, wo die Idee luftgekühlter Dieselmotoren noch etwas sehr Ungewöhnlichs war. Um 1971 umfasste das gesamte US-Angebot auch den 49 PS Vierzylinders D5506 und den 75 PS D8006 Sechs, wobei alle Traktoren als besser passend zum kühlen Klima des Nordens als für den staubigen Süden befunden wurden.

Seit 1981 produziert das Unternehmen seine Fahrzeuge unter dem Namen Deutz-Fahr. 1992 verließ sogar der Millionste Traktor die Werkhallen. Doch 1995 wurde die Firma vom italienischen SAME übernommen und die Same-Deutz-Fahr-Gruppe gebildet. 1996 brachte Deutz den revolutionären und futuristischen Agrotron mit seiner tiefen Nase und gläsernen Kabine heraus und – er war wassergekühlt! Er wurde auch von einigen Kinderkrankheiten geplagt, die auch sieben Jahre später nicht endgültig auskuriert waren, als sein Nachfolger Mark III erschien.

Gegenüber: Aus den Zeiten vor den Klimaanlagen! Dieser D7206 mit Zweirad-Antrieb hat eine typische nachgerüstete Kabine mit hochklappbarer Windschutzscheibe für den Sommerbetrieb..

AMOS
DEUTZ

Oben: Deutz-Allis verkaufte Traktoren von Deutz in den USA durch Händler von Allis-Chalmers.

Deutz-Allis, Deutschland

Deutz-Allis war eine der kurzlebigsten Traktorenmarken der Neuzeit, sie überdauerte nur ein paar wenige Jahre. Die Verbindung zwischen dem deutschen Traktorenhersteller Deutz-Fahr und dem US-Amerikaner Allis-Chalmers war tatsächlich nicht mehr als eine reine Zweckehe. Nach einer Reihe ernsthafter Verluste zu Beginn der 80er-Jahre, wollte Allis sich ganz aus dem Traktorengeschäft zurückziehen, während Deutz, seit nunmehr fast 20 Jahren Importeur luftgekühlter Maschinen für Nordamerika, sich für das ausgedehnte Vertriebsnetz der Allis-Chalmers Händler interessierte. Es belief sich auf 1100 Händler, die über das ganze Land verteilt waren – Deutz hatte nur etwa 400 Verkaufsstellen in den USA – und wurde Teil des Geschäftsvertrages. So war das Erste, was Deutz 1985 nach der Übernahmen des A-C-Traktorproduktion tat, die Allis-Werke im Westen zu schließen, seine eigenen Traktoren auf Deutz-Allis umzuzeichnen, die dann von den US-Händlern verkauft wurden.

Die Deutz-Fahr DX-Reihe wurde kurzerhand zur Deutz-Allis 6200-Serie und bestand aus fünf Modellen von 43 PS bis 71 PS, alle von einem luftgekühlten Deutz-Diesel angetrieben. Dies berücksichtigte zwar das Angebot eines weniger starken Antriebs, doch für seine großen Traktoren griff Deutz-Allis auf die restlichen Allis-Chalmers im Lager zurück. Umgezeichnet und in Deutz-Grün gestrichen wurden sie zum 5015, 8010, 8030, 8050, 8070 und 4W-305. Als der Warenbestand auslief, wurden sie durch Deutz-Traktoren aus deutscher Produktion ersetzt, jetzt mit einer Bremsleistung von bis zu 144 PS.

Ab 1989 wurde das größte Modell der Reihe, der Deutz-Allis 9100 Serie, von White-New-Idea gebaut, auch wenn immer noch deutsche 150–193 PS starke, luftgekühlte Dieselmotoren verwendet wurden. Aber das Ende zeichnete sich bereits ab, denn 1990 übernahm die schnell wachsende AGCO den US-Sektor von Deutz-Allis, zeichnete die Traktoren nun ihrerseits als AGCO-Allis aus und strich sie wieder im alten Allis-Chalmers-Orange, aber auch sie verwendeten für weitere vier Jahre Deutz-Dieselmotoren. Doch im Jahr 2001 verschwand auch der Name Allis, als AGCO den Namen AGCO-Allis fallen ließ.

Ebro, Spanien

Die Firma Motor Iberica SA mit Hauptsitz in Barcelona war zwar das Unternehmen, aber die Marke selbst hieß Ebro, benannt nach dem Fluss Ebro, der bei Catalunya ins Meer fließt. Durch seine langjährige Geschichte hindurch passte sich die Gesellschaft immer anderen Firmen an, ganz besonders Fordson und Massey Ferguson, aber sie verband sich auch genauso gut mit anderen.

Die Geschichte von Ebro begann in den 20er-Jahren, als der spanische Konzern Ausgaben verschiedene Versionen des Ford-Modells T herstellte. Die Produktion setzte sich bis in die 30er-Jahre fort, bis sie vom spanischen Bürgerkrieg unterbrochen wurde und die Firma erst wieder 1954 als Fahrzeughersteller auf der Bildfläche erschien, als sie abermals damit begann, Fords unter Lizenz herzustellen. Die Produktion umfasste Personenwagen, Lastkraftwagen und Fordson-Traktoren, die bis 1970 als Ebro Super 55 mit einem 3,6 Liter großen Vierzylinder Diesel und Sechsganggetriebe gebaut wurden. Diese lange Verbindung erklärt Ebros blassblaues Erscheinungsbild, auch wenn der Traktor nach der Verbindung mit Massey Ferguson dazu noch rote Räder erhielt. So zu sehen bei der auf dem Super Major basierenden Maschine, die an verschiedensten Orten als Ebro 160e verkauft wurde. 1966 schlug Ebro einen ungewöhnlichen Weg ein und verhandelte mit Massey Ferguson über einen Lizenzvertrag. Dies war

Oben: Der Ebro 155D war die in Spanien gebaute Version des Massey Ferguson 135. Der etwas leistungsstärkere (auch auf MF basierende) 160D hatte einen Vierzylinder-Diesel mit 3,6 Litern und Sechsgang-Getriebe.

Links: Die Verbindung mit Massey Ferguson war für die Spanier nur eine von vielen – Ebros erste unter Lizenz gebaute Traktoren waren Fordsons.

natürlich an sich nichts Ungewöhnlichs, wohl aber in diesem Fall, denn Ebro ließ nun den auf Grundlage des Fordson hergestellten Traktor und seinen direkten Rivalen auf MF-Basis unmittelbar nebeneinander in derselben Fabrik fertigen! Der auf dem MF beruhende 160D hatte, wie auch der Fordson, einen 3,6-Liter Diesel, in diesem Falle von Perkins und ein Sechsganggetriebe und stellte die spanischen Bauern somit vor eine ernsthafte Wahl. Um die Angelegenheit noch ein bisschen mehr zu verwirren, sah der »EBRO«-Schriftzug auf dem offensichtlich vom Massey Ferguson abgeleiteten Modell genauso aus wie das Logo von »FORD«!

Schließlich blieb Ebro bei Massey Ferguson und spätere Modelle, wie der Dreizylinder 350 und der Vierzylinder 460 wurden von einem Perkins angetrieben. Ebros wurden auch durch die McKees Schwesterunternehmen von Elmira aus Ontario, die auch den McKee Havester bauten, nach Kanada und in die USA exportiert, wo sie diese Traktoren dann unter dem Namen McKee-Ebro vermarkteten. Bis 1980 baute Ebro weiter Traktoren auf MF-Basis, so wie den 6125DT mit Vierradantrieb. Diese wurden sogar nach Großbritannien exportiert, blieben aber dort eher selten gesehene Fahrzeuge.

Unzufrieden mit der MF-Verbindung hatte Ebro noch eine weitere Lizenz erworden, diesmal um den italienischen Valpadana Kleintraktor von 1973 zu bauen und um die kleine Zweizylindermaschine unter eigenem Namen auf den Markt zu bringen. Typisch war der A-30L mit einem 1.346 ccm Zweizylinder-Dieselantrieb. Ebro-Traktoren wurden ab 1974 auch in Syrien (dort unter dem Markennamen Frat, der Kurzform für Euphrat) gebaut und im folgenden Jahr expandierte die Firma durch den Erwerb der Sema-Renault Traktorenfabrik in Burgos.

Motor Iberica, das Mutterunternehmen von Ebro, kam in den 80er-Jahren, kurz nachdem man Kubota-Traktoren mit bis zu 75 PS hergestellt und Carraro mit Getrieben beliefert hatte, in den Besitz von Nissan. Keine Überraschung, als Endresultat der Übernahme durch Nissan erschien, wieder in typischer Ebro-Manier, eine Kollektion von Nissan-Traktoren und landwirtschaftlichen Geräten, die sie ihrem sich jetzt vergrößernden Angebot mit hinzufügten.

Rechts: Ebros charakteristisches blass-blau war ein Erbe aus den Fordson-Jahren, auch wenn einige Maschinen zusätzlich rote Räder erhielten, ein Einfluss von Massey Harris. Dies ist ein später 6100.

Oben: Der 6100 ist ein Fahrzeug von beachtlicher Größe, aber Ebro machte auch profitable Geschäfte mit in Lizenz gebauten Minitraktoren von Valpadana, wie dem A-30L, einem Zweizylinder-Diesel mit 1,3 Litern.

Links: Der Name »Ebro« stammt von dem Fluss Ebro in Catalunya, der Produktionsbasis des Herstellers, auch wenn der Name der Gesellschaft Motor Iberica SA lautet und ihren Hauptsitz in Bacelona hat.

Oben: Ein Eco-Traktor von 1948 mit einem Zweizylinder-Schiffsdiesel von Panhard mit 50 PS.

Eco, Frankreich

Das Unternehmen Eco, mit Sitz in Le Havre, nutzte für seine Traktoren eine ganze Reihe verschiedener Dieselmotoren. Der erste bekannte unter ihnen war ein 25 PS leistender Zweizylinder von Mercedes-Benz. Der Ausbruch des Krieges bewirkte einen Wechsel zu CLM Gegenkolben-Zweitaktmotoren und später zu Poyaud Viertakt-Zweizylindern. Um 1945 wurde das ursprüngliche Zwei- zum Sechsganggetriebe und 1952 gesellte sich eine 15 PS starke Einzylinder-Maschine zu den bereits vorhandenen 30 PS- und 50 PS-Zweizylindern. Diesen wurde schnell noch ein 60 PS Dreizylinder Dieseltraktor namens Prestige hinzugefügt und auch alle späteren Ecos erhielten nun Namen. 1955 endete die Produktion bereits, obwohl nur ein paar Ecos gebaut worden waren – lediglich 861 Stück in den ganzen zehn Jahren seit dem Kriegsende.

Eicher, Deutschland

Joseph und Albert Eicher starteten zunächst in kleinerem Rahmen in das Landmaschinengeschäft und bauten zwischen 1936 und 1941 gerade einmal 1000 mit Deutzmotoren ausgestattete Fahrzeuge. Der unermüdliche Eicher T22 wurde von einem mit Doppelzylinder ausgerüstetem 2,2 Liter Dieselmotor angetrieben. Während des Zweiten Weltkrieges stellten die Brüder im Jahr 1942, in dem der 1000. Traktor das Werk verließ, die Produktion auf Holzgas-Schlepper mit Einheitsmotoren um. Von 1942 bis 1945 arbeitet die Firma als Rüstungsbetrieb. 1948 waren sie aber wieder zurück im Traktorengeschäft, diesmal mit ihrem

Gegenüber: Die ersten Eicher waren kleine Gebrauchsmaschinen, aber das Sortiment wurde in den 50er-Jahren erweitert.

Eicher
DIESEL

eigenen Einzylinder-Dieselmotor, einem 1,5 Liter mit 17 PS bis 19 PS. Bis Mitte der 50er-Jahre kauften sie weiterhin Motoren von Deutz, MWM und Harz, bevor sie diese dann endgültig durch eigene Zwei-, Drei- und Vierzylindermaschinen ersetzten. Typisch hierfür war 2,85 Liter Zweizylinder von 1958 mit 33 PS und einem Achtganggetriebe inklusive zweier Rückwärtsgänge. Ende 1958 präsentierte Eicher mit den Modellen Tiger und Panther die legendäre Raubtierreihe, denen u.a. noch Leopard und Königstiger folgen sollten.

Eicher stellten aber nicht nur konventionelle Traktoren her, sie hatten zusätzlich auch einen Zwei-Wege Pflug namens Agrirobot und einen Drei-Tonner LKW im Unimog-Stil, Farm Express genannt, im Sortiment. 1970 kaufte Massey Ferguson einen 30-prozentigen Anteil des Unternehmens (was vorübergehend zu einigen Eichern mit Perkinsantrieb führte). Eichers indische Tochtergesellschaft erwarb den Anteil jedoch in den frühen 80er-Jahren zurück, zu einer Zeit, als die Firma ihren 120.000 Traktor fertig stellte. Doch 1984 musste die Firma Konkurs anmelden.

Oben: Das unverwechselbare Kühlerabzeichen der Brüder Eicher zeigte ihren Namen, ein Name, der bis in die 80er-Jahre hinein Traktoren zierte.

Rechts: Dieser Eicher EK11 aus dem Jahr 1954 ist hier in den 90ern immer noch schwer mit Mähen beschäftigt. Ein Einzylinder-Diesel mit 1,5 Litern treibt das Fahrzeug an.

Oben: Eicher baute in den 60er-Jahren sowohl Zwei- als auch Dreizylinder-Traktoren. Dies ist eine Maschine für Weinberge oder Obstplantagen von 1956. Der Besitzer ist Rik Van Esser.

Links: Eicher machte mit dem Bau größerer Traktoren weiter. Dieser Wotan II 3014 von 1969 war mit einem 95 PS starken Sechszylinder-Diesel ausgerüstet.

Energic, Frankreich

Energic war der Markenname für Traktoren, die das Etablissement Patissier in Villefranche, bei Lyon im Herzen Frankreichs liegend, hergestellte. Durch die gesamten 50er-Jahre hindurch gebaut, waren sie die typisch einfachen Vertreter ihrer Zeit, wie zum Beispiel das frühe Modell 511, das von einer luftgekühlten, 700 ccm großen Einzylinder-Maschine angetrieben wurde. Es wurde als 511-3V oder 511-6V angeboten, beide mit 11 PS. Gegen Ende des Jahrzehnts verschaffte sich Energic einen Wettbewerbsvorteil in Stärke und technischem Niveau, indem sie Citroën-Pkw-Motoren einbauten.

Rechts: Dieser durch einen Citroën-Automobil-Motor angetriebene Traktor von Energic wurde während der 50er-Jahre von Etablissements Patissier gebaut.

Famo, Deutschland

Die Fahrzeug- und Motorenwerke in Breslau, kurz FAMO, waren in den 30er- und 40er-Jahren führend im deutschen Raupenschlepperbau. Ihre Modelle bewährten sich vor allem beim Tiefpflügen von Rübenfeldern, Aufforsten oder der Erschließung von Mooren. Als nach Kriegsbeginn 1939 flüssige Brennstoffe immer rarer wurden, versah das Breslauer Famo-Werk seine Raupe auch mit Generatoranlagen. Das Programm von Famo bestand 1939 aus drei Typen, dem 42/45 PS Typ »Boxer«, den 60/65 PS Typ »Rübezahl«; und den 100 PS-Typ »Riese«, der vor allem exportiert wurde. Die beiden leichteren Raupenschlepper waren auf den Bedarf der Land- und Forstwirtschaft sowie des Baugewerbes ab gestimmt. Der Boxer wurde von demselben Vierzylinder-Dieselmotor angetrieben, den Famo auch in seine Radschlepper einbaute. Eine Einscheibenkupplung übertrug die Kraft auf das Dreiganggetriebe. Der kleine Gang des Getriebes, in dem 3,7 km/h Höchstgeschwindigkeit erreicht werden konnten, diente so genannten Schwerzugarbeiten, der mittlere Gang erlaubte bis zu 4,9 km/h. Der große Gang mit dem bis zu 6 km/h gefahren werden konnten, sollte für Leerfahrten oder schnellere Fahrt mit geringerem Zugbedarf genutzt werden.

Anfang 1945 verlegte man die Famo-Werke von Breslau nach Schönebeck/Elbe. Doch nach Kriegsende wurden die Produktionsanlagen als Reparation demontiert. Auf Grundlage der Famo-Konstruktionszeichnungen entwickelte sich hier schließlich der DDR-Traktorenbau.

Oben: Ein Boxer-Raupenschlepper von 1939, angetrieben von einem 5,0 Liter Vierzylinder-Diesel mit 42 PS bei 1.250 U/min. und einem Dreigang-Getriebe. Er ist im Besitz von Marc Geerkens.

Links: Famo war in den 30er- und 40er-Jahren in Deutschland führend beim Bau von Raupenschleppern.

FENDT
Dieselross
NOH
VC 45

Fendt, Deutschland

Fendt steht heute als Hightech-Tochtergesellschaft der riesigen AGCO Corporation da, mit Traktoren, die das stufenlose Vario-Getriebe haben und die den flexiblen System-Traktor Xylon herstellen. Dieser deutsche Hersteller kam tatsächlich aber erst relativ spät darauf, Traktoren zu bauen, und als er mit dem kleinen »Dieselross« in Produktion ging, war dieses weit davon entfernt, »Hightech« zu sein.

Hermann Fendt war gerade erst 17 Jahre alt, als er zusammen mit seinem Vater Johann Georg in der heimischen Schmiede in Marktoberdorf einen selbstfahrenden Motormäher baute, der tatsächlich aus nicht viel mehr als einem auf ein simples Fahrgestell montiertem Motor mit einem einfachen Getriebe dazwischen bestand. Dies geschah im Jahr 1928. Aufgrund der wirtschaftlichen Lage Deutschlands eröffnete sich der Familie Fendt ein Markt, der bereit war für kleine und billige Maschinen.

Bis 1930 entwickelte Hermann Fendt den ersten europäischen Dieselkleinschlepper mit fahrunabhängigem Mähwerk und schnell wechselbarem Anbauflug. Das 6 PS starke Gefährt nannte er »Dieselross«. Wie der Name schon sagt, hatten alle diese frühen Fendtmaschinen Die-

Oben: »Dieselross« war der treffende Name für diesen zuverlässigen Traktor von Fendt.

Links: Dieser Fendt F15 Gs von 1955 mit Mähausrüstung ist immer noch in regelmäßigem Einsatz bei Landwirt Johann Heelager.

Gegenüber: Ein Dieselross F12 HLB von 1958, mit hoher Frontachse, kleinen Kotflügeln für den Straßengebrauch und einem Handlauf für Passagiere.

Oben: Ab 1958 bot Fendt auch den technisch raffinierteren Zweizylinder »Farmer« und den Dreizylinder »Favorit« an.

selmotoren, denn diese Antriebsart war mittlerweile zur dominierenden Kraft in der deutschen Traktorenindustrie geworden. Betrachtet man das Dieselross ein paar Jahre später, so hatte es sich 1937 zu dem mit einem 16 PS starken Einzylinder-Dieselmotor von Deutz ausgerüsteten F18 entwickelt. Für Aufsehen sorgte 1938 der F22 (22 PS) mit stehendem Zweizylinder-Deutzmotor und Kühler-Ventilator. Mit diesem Fahrzeug beschritt der Hersteller aus dem Allgäu neue Wege und nahm die Entwicklung der 50er-Jahre vorweg.

Wegen der Ölknappheit während des Zweiten Weltkrieges musste auch Fendt seine Dieselrösser auf Holzgas-Generatorbetrieb umstellen. Aber 1946 ging er wieder direkt in die Produktion zurück, und kurz nacheinander erschienen die überarbeiteten F 18 und F 22 V. Bereits 1949 war der F 18 mit rd. 1300 Exemplaren, also 20 pro Monat, das meistgebaute Dieselross. Und wieder war es der perfekte Traktor für deutsche Bauern in schweren Zeiten, der eine Reihe von 1,8 Liter Einzylinder- und 2,4 Liter Zweizylindermaschinen bot, wobei jetzt die Deutzmotoren mehr und mehr durch MWM-Diesel ersetzt wurden. Deutschland erholte sich, die Wirtschaft boomte und die Bauern waren wieder wohlhabender. Bereits 1955 vermeldete Fendt den Bau des 50.000ten Traktors.

Das Dieselross hatte ausgedient und so brachte Fendt 1958 den eher hochklassigen Zweizylinder »Farmer« und den Dreizylinder »Favorit« heraus, aber es gab auch weiterhin ein Einzylinder-Modell namens »Fix«. Zehn Jahre später unterstrich Fendt seinen festen Willen zur Erneuerung durch die Präsentation der Turbomatik, eines der ersten stufenlosen Automatikgetriebe, das in einem Traktor erhältlich war. Es wurden nun vermehrt starke Traktoren, meistens mit einem MAN-Sechszylindermotor ausgestattet gebaut, wie der von 1981 bis 1986 gebaute Favorit 626 mit seinen stolzen 262 PS. Inzwischen waren auch die keineren Fendts mit vielen Hightech-Besonderheiten versehen erhältlich, und um 1980 konnte der Farmer mit Turbomatik, einer vollgefederten Kabine und Vierradbremsen bestellt werden. Mit diesen technisch hochwertigen Produkten gelang es Fendt, die schwierigen 80er-Jahre zu überleben, in denen so viele Traktorenhersteller fusionierten, zusammenbrachen oder einfach übernommen wurden. Und dies als ein relativ kleiner Fisch, der in einem großen Teich zurückgelassen worden war und nun um die 10.000 Traktoren pro Jahr herstellte.

Oben: Ein Farmer 2D in originalem Zustand, mit Überrollbügel (einer sinnvollen Ergänzung für alle Traktoren ohne Fahrerkabine) und einer Befestigung für den hydraulischen Vorderlader.

Links: Der Farmer 2D kündigte für Fendt eine neue Ära an, während der sich die Firma in den 60er- und 70er-Jahren den Ruf als technisch innovatives Unternehmen erwarb.

Oben: Der Fendt Farmer Turbomatik 311 war ein Pionier des stufenlosen Automatikgetriebes für Traktoren.

In den 1990ern ließ dann Fendt seine technologischen Muskeln wirklich spielen. Der Xylon war ein neuartiger Systemtraktor, der auf dem gleichen Konzept wie der inzwischen völlig überholte MB-Trac beruhte, aber mit zusätzlichem Raffinement ausgestattet war. Wie schon beim MB-Trac, ermöglichte die mittig aufgesetzte Zweimann-Kabine mit ausgezeichneter Rundumsicht. Es gab vier Anbaumöglichkeiten, so dass der Allrad-Fendt theoretisch vier verschiedene Arbeiten gleichzeitig verrichten konnte. Ein neuentwickeltes Zentralgelenk garantiert optimale Geräteführung in Front- und Heckanbau. Seinen Antrieb erhielt er von einem MAN-Diesel. Sein Turbosystem hatte, anders als die üblichen, eine Variofill-Kupplung, mit der man den Turbo, je nach Bedarf, ein- und ausschalten konnte. Dazu hatte der Xylon noch ein Turboshift-Wendegetriebe mit 24 Arbeitsgängen (vorwärts und rückwärts) und 20 Kriechgängen (ebenfalls vorwärts und rückwärts).

Fendts andere Innovation der 90er-Jahre war die Vario-Reihe mit dem unter Last stufenlos verstellbaren Vario-Getriebe. Einmal programmiert ermöglichte sie es dem Fahrer, sich auf andere Dinge als die Auswahl der Gänge zu konzentrieren und erlaubte zusätzlich noch eine entspannte Fahrweise bei Straßengeschwindigkeit. Der Fendt Vario war ein eindrucksvolles Stück Technik und kündigte so eine neue Generation moderner Automatik-Traktoren an. Doch trotz all dieser Errungenschaften war die Firma Fendt zu klein, um allein zu überleben und wurde 1997 von AGCO übernommen.

Gegenüber: Ein Fendt Xylon, einer der ersten Systemtraktoren, dem es möglich war, Arbeitsgeräte an beiden Enden zu tragen und so zwei Arbeiten gleichzeitig auszuführen.

Xylon
FENDT

Ferguson / Massey Ferguson, Großbritannien

Neben Henry Ford gebührt sicher Harry Ferguson der Titel »Vater des modernen Traktors«. Seine hydraulische Dreipunkt-Geräteaufhängung brachte den Traktorenbau einen weiteren Sprung nach vorne, denn sie war sicherer und wesentlich effizienter als die althergebrachten einfachen, eher rustikalen Anhängerkupplungen. Aber Ferguson war nicht nur ein schöpferisches Genie, er war auch ein kluger Kauf- und Geschäftsmann und wurde ein erfolgreicher, selbstständiger Traktorenhersteller. Er konnte sehr schwierig und jähzornig sein und es war kein Zufall, dass alle seine drei Partnerschaften, die er im Geschäftsleben einging – so mit David Brown, Henry Ford und Massey Harris – in großer Verbitterung endeten.

Harrys natürliches Gespür im Ingenieurswesen ließ ihn den amerikanischen Waterloo Boy während des Ersten Weltkrieges nach Großbritannien und seiner Heimat Irland verkaufen und bewerben, als dort eine große Nachfrage nach Traktoren bestand, um die Nahrungsmittelproduktion anzukurbeln und damit die Getreideblockade der Kriegszeit zu überbrücken. Er bemerkte schnell die Mängel der herkömmlichen, von Traktoren gezogenen Pflüge, bei denen die Möglichkeit bestand, dass die Zugmaschine einsank und steckenblieb, wenn der Pflug auf schweren Boden traf und sich der Traktor dann sogar nach hinten kippen konnte, was für den Fahrer manchmal fatale Folgen hatte.

Er entwickelte über mehrere Jahre seine hydraulische Dreipunkt-Geräteaufhängung, die dann all diese Probleme auf einen Schlag beseitigen sollte. Sie hatte eine automatische Tiefenkontrolle, die die Geräte hochzog, wenn sie Gefahr liefen, in schwerem Boden steckenzubleiben und verhinderte so das Einsinken. Es bewahrte den Traktor ebenso davor, nach hinten überzukippen und der Aufbau der Geräteaufhängung übertrug einen Teil der Druckkraft der Geräte zu den Hinterrädern,

Unten: Der Ferguson-Brown war der erste Traktor, der je mit einer Ferguson Dreipunkt-Geräteaufhängung ausgestattet wurde.

Oben: Ein Ferguson TE20, einer aus der langen Reihe »kleiner grauer Fergies«, die man mit Recht das englische Äquivalent des in den USA gebauten Fordsons nennen kann.

Links: Der graue Fergie erwuchs aus Harry Fergusons Verlangen, seinen ehemaligen Partner auf dem Wettbewerbsfeld der Traktorenherstellung zu schlagen.

um deren Zugkraft zu verstärken. Harry nannte es das Ferguson System, entwickelte damit einen kompakten kleinen Traktor und begann eine geschäftliche Beziehung mit der Firma David Brown – diese sollte den Traktor bauen, sein Erfinder ihn dann vermarkten (siehe auch David Brown.)

Aber leider, ungeachtet des eindrucksvollen Auftretens von Ferguson-Brown – der Verkauf lief so gut wie gar nicht. Das Fahrzeug war teuer und die Kunden mussten dazu ein neues Gerätesortiment kaufen, damit es auf den neuartigen Haken der Kupplung passte. Das Verhältnis trübte sich und ohne es seinem Partner mitzuteilen nahm Harry Ferguson einen Traktor und einen Pflug mit quer über den Atlantik, um beide Henry Ford zu zeigen. Die Vorführung lief gut und 1939 besiegelte ein berühmter Handschlag die Vereinbarung, die zu dem neuen Ford 9N Traktor führte, komplett mit der Dreipunkt-Geräteaufhängung. Aber auch hier kam es zu einem unschönen Ende, als Ford sich 1947 aus einer Partnerschaft zurückzog, die ihn Millionen von Dollars kostete. Wütend verklagte Harry die Amerikaner und begann mit der Produktion seines eigenen Traktors, des Ferguson TE20 (der aber tatsächlich für ihn von Standard in Coventry gebaut wurde). Wild entschlossen, Ford auf dessen heimatlichen Boden zu

Oben: Ein für den Einsatz auf Obstplantagen bestimmter TEV20, wie er auf kleinen Höfen in Somerset benutzt wurde. Der Besitzer ist Mike Thorne.

Rechts: In den 50er-Jahren war die Wahlmöglichkeit eines Dieselmotors ausschlaggebend. Dieser TD20 mit einer Standard Vierzylinder-Maschine ist so ausgestattet. Das ehrwürdige Gebäude ist Butleigh Court in Somerset.

schlagen, errichtete Ferguson 1948 eine Fabrik in Detroit und begann seinen kleinen grauen »Fergie« zu bauen, dazu den TO20 und später noch den stärkeren sechsgängigen TO35.

Das war schon eine Leistung an sich, aber 1953 entschloss sich Harry, mit der kanadischen Traktorenfirma Massey Harris zu fusionieren. Genauer betrachtet war es eigentlich mehr eine Übernahme denn eine Fusion, und als Harry bemerkte, dass er kaum mehr als eine Galionsfigur war, verließ er die neue Massey-Ferguson-Gesellschaft. Das Resultat war ein Gigant der Traktorenproduktion, mit Fabriken in Frankreich, Großbritannien, Kanada und den USA, und so benötigten Ferguson und Massey Harris einige Jahre, die Baureihen in eine irgendwie vernünftige Ordnung zu bringen.

In ihrer neuen Farbgebung in Rot und Grau machten die Massey Fergusons dort weiter, wo die Fergies aufgehört hatten, und das nun mit dem neuen 50 PS MF65, um die Angebotspalette nach oben zu erweitern. Trotzdem aber wurde der große LXT 60, den Ferguson in der Entwicklung gehabt hatte, fallengelassen, MF bezog größerer amerikanische Traktoren von Oliver und Minneapolis-Moline und verkaufte diese dann unter eigenem Namen und in eigener Lackierung als Massey Fergusons.

Oben: Dieser Massey Ferguson 65 mit einem 65 PS starken Dieselmotor ist ebenfalls im Besitz von Mike Thorne.

Links: Nach der Fusion mit Massey Harris wurden die grauen Fergies umgestrichen und umbenannt als rote Massey Fergusons auf den neuesten Stand gebracht. Dies ist ein Delux 35 von 1958.

Rechts: An der Spitze der neuen Reihe »Red Giants« stand der 175. Zusammen mit dem 135, 150 und 165 wurde er 1964 von MF herausgebracht, um das Geschäft neu zu beleben.

Unten: Der leistungsstärkste der MF 100 Serie war der 175 mit 66 PS und einer Perkins A4.236 Maschine. Dieses Exemplar ist im Besitz der Coldridge Collection.

Unten rechts: Es gab viele Variationen zum Thema der 100er-Serie, wie auch diesen Diesel 148. Der kleinste, das Modell 130, wurde in Frankreich gebaut.

Auch aus dem eigenen Hause kamen größere Maschinen, hier sei vor allem der 68 PS starke Typ 90 von 1962 genannt, aber es waren besonders die kleinen Maschinen, die noch stark das Erbe von Ferguson zeigten, aus denen sich die große Masse der Verkäufe in Europa zusammensetzten. Eben diese wurden 1964 modernisiert als Red Giants 135, 150 und 165 mit Continental Benzin- oder Perkins-Dieselmotor und einem leistungsfähigen Getriebe herausgebracht. Auch sie wurden modernisiert und zur Serie 200, beginnend beim 230 mit 34 PS bis zum 82 PS starken 285 und immer noch in der Standard Fabrik in Coventry gebaut (mittlerweile aber vollständig im Besitz MF, ebenso wie Perkins, der Hersteller von Dieselmotoren). Die mittelgroßen Masseys wurden in Beauvais in Frankreich gebaut und die größten von allen in Detroit und in Kanada. Die 200er wurden 1976 durch die auch in Coventry gebauten,

Links: Das Unternehmen baute auch Arbeitsgeräte, wie diesen MF2653F Drehpflug, der Maurice Burston gehört.

Unten: Dieser Massey Ferguson 1080 hat einen Perkins 4.318 Diesel, verbunden mit einem Sechsgang-Getriebe mit Multipower.

moderneren 500er ergänzt, mit einer noch ruhigeren Fahrerkabine mit vibrationsarmen Verbindungen. Massey Ferguson litt unter der Rezession in den 80ern und das Werk in Detroit wurde geschlossen, Coventry arbeitete jedoch fleißig weiter und ersetzte 1981 die 500er durch die 600er. Letztere waren in Kooperation mit Beauvais in Frankreich entworfen worden und deckten das Angebot von 66 PS bis 95 PS ab. Auch der alternde 200 wurde auf den neuesten Stand gebracht und 1986 durch die 300 Serie ersetzt. Währenddessen hatte Beauvais durch die 80er-Jahre hindurch den größeren 2000 auf dem Markt, dem der weniger starke 3000 folgte.

Abgesehen von den wiederkehrenden Aktualisierungen, befand Massey Ferguson es als äußerst schwierig, allein zu überleben und gegen Mitte der 90er-Jahre wurden sie Teil des stark expandierenden AGCO-Imperiums. Nicht dass sie klein waren – AGCOs Umsätze verdoppelten sich, als sie diese wirklich multinationale Gesellschaft übernahmen. Intensive Rationalisierungen bei den größeren Traktoren folgten, während die 300er-Reihe 1997 endgültig durch die neue 4200er-Serie ersetzt wurde. Später zur 4300er modernisiert, deckte sie das Angebot der 50 PS bis 120 PS Maschinen ab, aber es waren zugleich auch die letzten Traktoren, die im Werk in Coventry gebaut wurden, das AGCO 2003 schloss. Es war das Ende einer Ära, aber als Teil der AGCO lebt der Name Massey Ferguson weiter.

Fiat, Italien

Dieser erste Traktor von Fiat, der 702, war eine starke und verlässliche Maschine, aber während der Fordson-Ära zu kostspielig.

Fiat hat Lastwagen, Flugzeuge, alles für den Schienenverkehr, Schiffsmaschinen sowie Automobile gebaut und vielleicht war es daher geradezu unvermeidlich, dass Traktoren das Gesamtbild einmal abrunden würden. »Fabbrica Italiana de Automobili Torino«, kurz FIAT, wurde 1899 für den Bau von Automobilen gegründet, verbreiterte aber schnell sein Angebot und schon 1910 befand sich der erste Traktor in der Entwicklung.

Der Ersten Weltkrieg verzögerte jedoch das Projekt und der Fiat 702 ging nicht vor 1919 in die Produktion, wenn auch der Prototyp schon im Jahr davor der Öffentlichkeit vorgestellt worden war. In einem für seine Zeit sehr fortschrittlichem Baukastensystem baute man ein großes Fahrzeug mit einem 30 PS leistenden

Links: Ein 500 Spezial aus den frühen 70er-Jahren, der in keinerlei Beziehung zum gleichnamigen Fiat 500 stand, obwohl Fiat sein Traktorensortiment in den 50er-Jahren mit dem kleinen La Picola startete.

Unten: Dieser 100.90DT aus einer späteren Zeit lässt erkennen, wie schnell Fiat moderne Trends umsetzte – allerdings war das auch keine große Anstrengung für dieses riesige Unternehmen mit seinen enormen Ressourcen.

6,2 Liter-Motor ein, wie er sonst in Fiat-Lkws verwendet wurde. Robust und zuverlässig wie dieser Traktor war, war er aber auch wesentlich teurer als der kleine Fordson (in Großbritannien ungefähr um das fünffache des Preises!), wurde aber dessen ungeachtet 1924 in modernisierter Form nach Großbritannien exportiert. 1927 ersetzte ihn die kleinere 700er Reihe, deren Raupenschlepper 700 C ein besonderer Erfolg war.

In den 30er-Jahren war Fiat in der Lage, andere Traktorenhersteller wie Ansaldo und OM aufzukaufen und sich auch den Borghetto-Diesel anzueignen, der wie der zeitgleich in den USA gebaute International mit Benzin startete und warmlief, um dann auf Diesel umzuschalten.

Nach dem Zweiten Weltkrieg verlor Fiat die Traktorenproduktion fast gänzlich aus den Augen. Im Lande der kleinen Fiat-Topolinos und Vespa-Roller wollten die Bauern auch kleine Traktoren und der Fiat war schlicht zu groß und zu teuer. Die Antwort der Firma auf diese Wünsche hieß »La Piccola« und wurde zwischen 1956 und 1958 ganze 20.000 Mal verkauft. Von nun an wuchs Fiats Traktorenproduktion wie auch die Angebotspalette in rapidem Tempo an, wobei die Firma ihre Fahrzeuge mittlerweile in Lizenz unter anderem in Rumänien und der Türkei herstellen ließ. Die großen Traktoren kehrten mit dem 100 PS starken 1000DT zurück und 1980 baute die Firma ihren 500.000ten

Rechts: Raupenschlepper waren immer ein wichtiger Bestandteil des italienischen Heimatmarktes, da sie besonders praktisch in den hügeligen Weinanbaugebieten waren. Dies ist ein von Fiat gebauter Montagna 505C.

Rechts Mitte: Der Vierzylinder 352 Raupenschlepper von Fiat, komplett mit Anhänger zum Obst- oder Olivenpflücken.

Unten: Um 1958 umfasste Fiats Sortiment 17 Traktoren (mit Zwei- oder Vierradantrieb) und 14 Raupenschlepper.

Schlepper. In der Ankündigung der neuen 90er-Reihe mit 55 PS bis 180 PS konnte Fiat sich mit Recht als Europas größter Traktorenhersteller bezeichnen.

Ein weiterer Indikator für Fiats Stärke zeigte sich 1991, als man Ford-New Holland kaufte. Dies führte zum markenspezifischen Fahrzeugbau, bei dem sich Fiat auf kleinere Maschinen spezialisierte, während sich Ford-New Holland um die größeren Sachen kümmerte, auch wenn der Hauptanteil des Sortiments dann mit Fiat- oder New Holland Markenzeichen an die entsprechenden Händler verkauft wurde. Die Drei- und Vierzylinder Baureihe 66 wurde Mitte der 90er-Jahre als Fiat L und auch als New Holland 5635 verkauft. Zum Ende des 20. Jahrhunderts war Fiat der Hauptaktionär von CNH Global und möglicherweise der größte Traktorenhersteller der Welt.

Oben: Ein F140 von 1994 beim Eggen eines staubigen Feldes in Somerset, mit einem New Holland-Logo als Indikator für Fiats jüngste Übernahme. Der Fahrer und zugleich Besitzer ist Alan Britten.

Links: Fiat war eine Weltmacht im Reich der Traktoren und das nicht nur durch Aufkäufe anderer Gesellschaften (wie die französische Braud), sondern auch durch die Lizenzvergabe zum Bau seiner Traktoren in vielen Ländern.

Oben: Ein Meilenstein in der Geschichte der Traktoren war der Fordson N von 1937, die in Irland und England gebaute Version des originalen Modells F.

Fordson / Ford, Großbritannien

Das Modell F von Fordson war vielleicht der bedeutendste Traktor, der je gebaut wurde. Wie sein straßentauglicher Cousin, dass Automobil Modell T, leistete er auf dem Gebiet der Ökonomisierung der Massenproduktion Pionierarbeit, war er doch von allen erhältlichen Traktoren der billigste. Er brachte auf diesem Wege Tausenden von Kleinbauern die Möglichkeit der Mechanisierung, die sonst nicht einmal davon träumen konnten, sich jemals eine großen International oder John Deere leisten zu können. Henry Ford war prädestiniert für diesen Durchbruch. Nicht nur, dass er durch das Modell T zu einem Experten auf dem Gebiet der Massenproduktion geworden war, er war außerdem selbst der Sohn eines Bauern und wusste daher aus erster Hand, wie sehr ein erschwinglicher Traktor die Mühsal der Landwirtschaft verändern konnte. Mit der sicheren Gewissheit, dass die Produktion des Modells T weiterhin Gewinne einfuhr, konnte sich Henry mit der Perfektionierung seines neuen Traktors Zeit lassen und so wurden über die Jahre fünfzig verschiedene Prototypen gebaut. Im Oktober 1917 begann schließlich die Produktion in Dearborn, zum Teil allerdings auf Drän-

Links: Ein weiteres Modell N, aus dem Besitz von Eric Coats. Dieses Grundmodell des Fordson war in Großbritannien über viele Jahre der beliebteste Traktor.

Unten: Um 1939 wurde der Fordson N in Dagenham gebaut und man bekam ihn in jeder gewünschten Farbe, solange dies Orange war. Im Besitz von Dennis Crossman.

Oben: Ein Merkmal, anhand dessen ein Modell N datiert werden konnte, war sein leistungsschwacher Benzin-Motor, ein Mangel, der dann durch einen Sechszylinder-Diesel von Perkins, wie bei diesem Modell von 1950, korrigiert werden konnte.

Rechts: Dies ist ein E27N, die modernisierte Fassung des Modells N von 1945 mit größerer Leistung und einem stärkeren Differenzial. Es war überaus erfolgreich mit 50.000 verkauften Exemplaren allein 1948.

gen der britischen Regierung, die verzweifelt preiswerte Traktoren suchte, um eine kriegsbedingte Getreideblockade zu überstehen.

Als das Modell F auf den Markt kam, kostete es 700 US-Dollar, was schon wirklich billig war, aber in typischer Modell T-Manier wurde der Preis ständig weiter reduziert, als die Produktionszahlen stiegen und damit die -kosten sanken. Sein Tiefstpreis lag bei 285 US-Dollar für einen nagelneuen Fordson und damit ließ er seine ächzenden Rivalen weit abgeschlagen hinter sich im Feld. Aber nicht, dass der kleine Fordson perfekt gewesen wäre – seine Zugkraft war gering und er hatte die beunruhigende Tendenz nach hinten überzukippen – aber sein geringer Preis und seine Zuverlässigkeit machten im viele Freunde. Nach elf Jahren waren 750.000 Stück von ihm verkauft worden, aber wenn der Fordson F doch ein amerikanischer Traktor war, was macht er dann eigentlich in diesem Buch?

Nun, 1928 stellte Henry Ford die Produktion des F ein, um für das lang erwartete Automobilmodell A Platz zu schaffen. So wurde denn die Traktorenproduktion kurzerhand gestoppt, eingepackt und nach Irland zu einer neuen Fabrik in Cork verschifft. Henrys Großvater war viele Jahre zuvor von dort ausgewandert und

Oben: Der Dexta, einer der neuen Fordson-Generation, die den überalterter E27N in den 50er-Jahren ablösten. Dieser besaß einen 31 PS starken Diesel.

Links: Dieser Major war 1952 der direkte Ersatz für den E27N. An ihm war so gut wie alles neu, vom Vierzylinder-Motor über das Sechsgang-Getriebe bis zur elektrischen Hydraulik.

Oben: Hochgerüstete Majors folgen bald, wie 1958 der Power Major und dieser Super Major.

er wollte der alten Heimat etwas Guts tun. Das Modell F startete von seinem neuen Heim aus als N, was mehr Kraft, eine Wasserpumpe, einen Regler und weiteren Verbesserungen mit sich brachte. Aber das irische Arrangement funktionierte nicht: Zum Einen mussten alle Rohstoffe importiert werden, zum Anderen lag Cork zu weit von den europäischen Hauptmärkten für Traktoren entfernt.

So zog Fordson 1933 erneut um, diesmal nach Dagenham, in Fords gewaltige neue Fabrik in Essex. Und hier blieb die Produktion. Auch als sich 1939 der fortschrittliche neue Traktor 9N mit seiner Dreipunkt-Geräteaufhängung von Ferguson im Aufwind befand, beschlossen die Männer in Dagenham, bei ihrem zwar ältlichen aber beliebten Modell N zu bleiben. 1945 modernisierten sie es dann zum E27N, mit mehr Kraft und einem stärkeren Differential und fügten kurz darauf noch die Möglichkeit hinzu, ihn auch mit einem Perkins Sechzylinder-Dieselmotor erhalten zu können.

Der E27N, der noch sehr auf dem Original des Modells F basierte, wurde 1952 endgültig durch den völlig neuen New Major ersetzt, der eine Gattung von Motoren bot, deren Mitglieder alle um dieselben Komponenten herum aufgebaut waren: Sie liefen mit Diesel, Benzin oder TVO, (tractor vaporising oil, einem auf Paraffin basierendes Gemisch). Alle hatten ein Sechsganggetriebe und eine hydraulische Dreipunkt-Geräteaufhängung mit Tiefenkontrolle und elektrischer Hydraulik und wurden 1958 durch den Power Major abgelöst. Es folgten weitere Modernisierungen und neue Modelle, hier ist besonders der kleinere Fordson Dexta, ein 31 PS Diesel, zu nennen. All diese in Dagenham gebauten

Rechts: Der Doe Triple D war ein Meister der Anpassung, aus zwei gekoppelten Fordson Majors bestehend, besaß er einen Vierrad-Antrieb und mehr Leistung als fast jeder andere Traktor seiner Zeit.

Rechts: Ein Ford 4000, einer aus den frisch vereinigten Modellreihen, das die britisch und amerikanisch gebauten Traktoren von Ford rationalisierte.

Unten: Dies ist ein 1973er Ford, ausgerüstet mit einem 3,3 Liter Dreizylinder-Diesel von Ford und einem Achtgang-Getriebe. Besitzer ist Dennis Burstin.

Traktoren schmückte immer noch die Fordson-Plakette, die die US-Maschinen schon 1939 abgelegt hatten. (Henry Fords originaler Traktor von 1917 selbst hatte die Aufschrift Fordson erhalten, da ein anderer Traktorenhersteller den Namen Ford bereits benutzte). 1961 entschied sich die Ford Motor Company dafür, ihr getrenntes UK- und US-Traktorenangebot miteinander zu verbinden.

Jetzt erhielten alle denselben blauen und grauen Endanstrich und dazu noch Nummern, um die neue Einheitlichkeit zu unterstreichen. So wurde aus dem kleinsten Super Dexta der Ford 2000 Diesel, der 600/700s wurde zum 3000, der 800/900s zum 4000, der Super Major selbst zum 5000 und die Reihe gipfelte endlich in dem in Amerika gebauten 6000.

Von nun an trugen alle den Namen Ford, keiner hieß mehr Fordson. Durch die 60er- und 70er-Jahre hindurch lieferte Dagenham weiter die kleinen bis mittelgroßen Traktoren für den europäischen Markt, aber die größeren Modelle kamen per Schiff aus den Staaten. 1974 wurde das gesamte Angebot überarbeitet und zur kraftvolleren 600er Serie. Später wurde ein Teil der Produktion nach Basildon verlagert und in den 90ern folgte dann die gesamten britischen Ford-Traktoren, einschließlich des überaus erfolgreichen 7740 und 7840.

Links: Fowlers massiger Gyrotiller, ein Exemplar von 1927 mit 225 PS Leistung. Er ist für die Ernte von Zuckerrohr eingerichtet.

Unten: Das Fabrikschild des Gyrotillers zeigt einen Stoßdämpfer des Kreiselpflugs.

Fowler, Großbritannien

Fowler mit Sitz in Leeds war ein alteingesessener Hersteller landwirtschaftlicher Dampfmaschinen. John Fowler hatte das Dampfseilpflug-System entwickelt, für das man zwei Dampflokomobile – eines an jeder Seite des Feldes – benötigte, um einen großen Pflug mittels Stahlkabeln von einer Seite zur anderen zu ziehen. Als sich der Markt für Dampfmaschinen in Rauch auflöste, begann Fowler 1927 mit dem Bau des massigen Gyrotiller mit Halbketten-Antrieb. Diese 23 Tonnen Bodenfräse war ein Erfolg, und ihr folgte eine Reihe Traktoren mit kleineren Spurweiten. Aber trotzdem stand Fowler vor finanziellen Problemen und der Auftrag, während des Krieges Panzer zu bauen, brachte nur einen zeitlichen Aufschub. Nach dem Zweiten Weltkrieg produzierte die Firma dann Kettenausführungen des Marshalls, doch nach wenigen Jahren wurde die Produktion eingestellt.

Garner, Großbritannien

Der original Garner-Traktor wurde 1916/17 von einem Motorenhändler aus den USA nach Großbritannien importiert. Dem amerikanischen Galloway-Traktor bemerkenswert ähnlich, hieß es doch immer, er sei nach Garners eigenen Entwürfen gefertigt worden. Er war teurer als Austins oder Fordsons Schlepper und der Verkauf verlief enttäuschend, weshalb Garner die Traktorenlinie 1924 fallen ließ und sich auf Lastwagen konzentrierte. Deren Produktion zog von Birmingham nach Shrewsbury und später nach Acton, im Norden Londons, wo sich Garner später dafür entschied, es noch einmal mit der Herstellung von Traktoren, diesmal in Form einer kleinen Gartenbaumaschine mit JAP-Antrieb, zu versuchen. Sie kam in einer Drei- und Vierrad-Version heraus, aber in den 50er-Jahren endete die Produktion bereits wieder.

Oben: Dem originalen Garner war kein großer Erfolg beschieden, doch die Firma versuchte es 1947 noch einmal mit einer kleinen Maschine für den Gartenbau.

Oben rechts: »Großzügiges Schmieren sichert erfolgreiches Arbeiten« – aber galt das für den Traktor von Garner oder für den Fahrer?

Rechts: Ein früher Garner, vielleicht von 1919, hier bei einer Arbeitsvorführung. Der Fahrer und auch Besitzer ist David Mellor.

GMW, Schweden

Der GMW hatte nur ein kurzes Leben und wurde in den 50er-Jahren in limitierter Anzahl gebaut, genauer gesagt: Im Ganzen wurden nicht mehr als 400 GMWs hergestellt. Sie waren lediglich unter Lizenz gebaute John Deeres und kamen in zwei Varianten, vergleichbar mit den John Deere Modellen A und B, zu jeweils 200 Exemplaren auf den Markt. Beide basierten auf dem späten Stil des Industriedesginers Henry Dreyfuss. Klare, scharfe Linien veränderte 1938 das Aussehen dieser kleineren John Deeres, doch unter der modernen Hülle waren sie gute vier Jahre älter. Im Grunde blieben sie bei den gewohnten horizontalen Zweizylindern, die John Deere schon seit 1920 benutzte und mit Recht auch bis 1959 beibehielt. Die beiden Modelle, der 2,9 Liter GMW 25 und der 5,3 Liter 35, waren solide und zuverlässige Fahrzeuge, auch wenn sie weder so geschickt noch so ausgeklügelt wie die Vierzylinder Ferguson, Ford 9N oder Valmet waren.

Oben: GMW – Gnosjo Mekanski Werkstad – aus Almult in Schweden baute nur eine kurze Zeit eine begrenzte Anzahl von Traktoren, aber sie sind heute Sammlerstücke.

Links: GMW kam wie viele Traktoren seiner Zeit mit eine Dreipunkt-Geräteaufhängung heraus, aber es wurden nur 200 Modelle jedes Typs gebaut, was sie heutzutage zu heiß begehrten Sammlerstücken macht.

Güldner, Deutschland

Wie für Deutz, so war auch für Güldner der Motorenbau das Hauptgeschäft und die Traktorenherstellung nur eine Nebenlinie, wenn gleich auch eine sehr profitable. 1904 gründete Dr. Hugo Güldner, ein Freund von Rudolf Diesel, die Firma zusammen mit Professor Carl von Linde. Unter ihrer Leitung spezialisierte sich die Firma Güldner auf Zweitakt-Dieselmotoren mit bis zu 500 PS. Vielleicht war die Spezialisierung auf Zweitakter eine Besonderheit des Duos Güldner und Linde, denn die Gesellschaft begann erst nach dem Tod der beiden Gründer in den 30er-Jahren damit, Viertaktmotoren herzustellen.

Der erste Güldner-Traktor kam 1938 heraus und bot nichts anderes als Tausende anderer einfacher deutscher Traktoren auch. Dieser nun wurde von einem 20 PS starken Einzylinder-Diesel angetrieben und ihm folgten, als Gemeinschaftsprojekt mit der Deuliwag, verschiedene Zweizylinder.

Güldner schien so gut wie verheiratet mit dem Zweizylinder, und nach dem Zweiten Weltkrieg (in dem Güldner die Firma Fahr mit Motoren beliefert hatte), wurde 1948 der AF30 mit 30 PS und einer Wasserkühlung der typische Güldner. Erst etwa zehn Jahre später erschien der luftgekühlte 1,8 Liter ABL. 1959 kam dann der »Europa« in Zusammenarbeit mit Fahr heraus, dem der 15 PS starke »Spessart« mit einer seltenen Allrad-Variante folgte.

Alle diese Güldner-Traktoren waren Zweizylinder, doch in den frühen 60er-Jahren baute die Firma größere Traktoren mit Dreizylinder Perkins- und Vierzylinder Daimler-Benz Dieselmotoren, die Mitte des Jahrzehnts noch von einem Sechzylinder mit 75 PS gekrönt wurde. 1962 fusionierte Güldner mit Fahr, und als dann 1968/69 Deutz die beiden übernahm bedeutete dies, nach 100.000 Fahrzeugen, das Ende der Güldner-Traktoren.

Unten: Den »Spessart« – hier eine Modell von 1961 – entwickelte und baute Güldner zusammen mit der Firma Fahr, die ihn als »Europa« verkaufte. Er hatte einen 15 PS leistenden Zweizylinder-Dieselmotor.

Oben: Güldner baute Tausende von Motoren, die das Unternehmen der Traktorenindustrie verkaufte. Es produzierte aber auch seine eigenen Schlepper, wie diesen Typ PS25 von 1958.

Links: Dieser Güldner wurde ein paar Jahre vor der Fusion mit Fahr gebaut. Seine Leistung bezog er von einem von Guldner selbst gebauten Zweizylinder-Motor mit Wasserkühlung und 25 PS.

Rechts: Dieser Traktor gehört Hank van Doorn in den Niederlanden und ist ein typisches Beispiel für den größeren Hanomag: genauso viel Lkw wie Traktor.
Unten: Der Hanomag R40 wurde in den späten 30er-Jahren entwickelt und war mit voller Ausstattung für längere Fahrten im Straßenverkehr zu bekommen.

Hanomag, Deutschland

Viele deutsche Traktorenhersteller wie Fendt und Eicher wurden gegründet, um von Beginn an Traktoren herzustellen. Andere, so wie Deutz oder Hatz, waren Motorenhersteller, die Traktoren als eine sinnvolle Ergänzung zu ihrem Kerngeschäft und als eine weitere Absatzmöglichkeit für ihre Antriebsmaschinen sahen. Aber die Hannoversche Maschinenbau AG, besser bekannt als Hanomag, war anders. Sie war eine Maschinenbau Gesellschaft, deren Wurzeln bis in das Jahr 1835 zurückreichten. Sie war auf schweren Maschinenbau ausgerichtet und hatte 1835 mit dem Bau von

Links: Es gab auch kleinere Hanomags, wie diesen 25 PS starken R25 von 1949 oder den R16 mit 16 PS und einem 1,4 Liter Zweizylinder-Motor.

Unten: Der Hanomag R25 wurde in den späten 30er-Jahren konstruiert und war mit vollständiger Ausstattung für den Straßenverkehr erhältlich.

Lokomotiven begonnen. Ihr erstes straßentaugliches Fahrzeug kam 1905 auf den Markt, und 1912 wagte man den ersten Ausflug in Richtung Landwirtschaft. Die Hanomag Motorpflüge liefen mit Baer-, Kamper- oder Kortingmotoren, da die Gesellschaft keine eigenen passenden Maschinen hatte.

Der erste Traktor kam nach dem Ersten Weltkrieg heraus und hatte einen 25 PS starken Benzinmotor. Als die Diesel-Variante erschien, konnte Hanomag zwar nicht für sich in Anspruch nehmen, damit der Erste auf dem Markt zu sein, da sowohl Benz als auch Deutz das Unternehmen auf einen der hinteren Ränge verwies, aber zumindest war man der erste Hersteller, der ausschließlich von Diesel angetriebene Traktoren anbot, da die der anderen beiden Glühkopfmotoren hatten. Darüber hinaus hatte der 5,5 Liter Hanomag mit vier Zylindern bemerkenswerte 40 PS und war somit ausgesprochen fortschrittlich für die 30er-Jahre, in denen er herauskam. Es war also keine große Überraschung, dass der Vierer von Hanomag über 35 Jahre lang produziert wurde. Um ihr Engagement auf dem Gebiet der kraftvollen Mehrzylinder Dieselmaschinen zu unterstreichen, produzierte die Firma sechs Jahre später auch eine 8,9 Liter-Sechzylinder-Version. Einige der Hanomags aus den 40er und 50er-Jahren sehen mehr nach zweisitzigen Zugmaschinen aus, als nach Traktoren, und einige wurden auch genau zu diesem Zweck gebraucht.

Doch Hanomag kam in den 50er-Jahren mit Traktoren von 16 PS bis 55 PS und Raupenschleppern mit bis

Links: Hanomag war auch einer der Wegbereiter des Dieselmotors für Traktoren und brachte 1936 eine 8,9 Liter-Maschine als Sechszylinder neben einer 5,2 Liter-Maschine mit vier Zylindern heraus.

Rechts: Der R228 von 1950, einer der von Hanomag angebotenen Zweitakter, die sich den Ruf mangelnder Zuverlässigkeit erwarben.

zu 90 PS heraus. Man konnte sich andererseits auch nicht vor dem deutschen Markt für kleine, einfache Traktoren verschließen und brachte 1953 eine neue Reihe kleiner Zweitakt-Diesel heraus, angeführt von einem R12 Einzylinder, ein Doppelzylinder folgte gleich darauf. Die Zweitakter bewährten sich aber nicht, dennoch feierte Hanomag ein Jahr später seinen 100.000ten Traktor.

Aber abgesehen von der breiten Angebotspalette und der imposanten Anzahl blieb Hanomag jedoch klein in der großen Welt der Traktoren und wurde 1961 von der Rheinstahlgruppe übernommen. Dieses eröffnete die Möglichkeiten für hochklassigere, kleine Traktoren neben den traditionellen großen Vierern und Sechsern, und Rheinstahl ermöglichte den Zugriff auf den modernen 1,8 Liter Diesel von Borgward.

1967 wurde eine vollkommen neue Baureihe angekündigt, und auf dem Papier sahen sie auch wie auf den Punkt für ihre Zeit gemacht aus. Diese neue Generation von Hanomags, so wie der Granit 500, hatten Direkteinspritzer-Dieselantrieb, Neun- oder Zwölfgang-Getriebe und die Möglichkeit für einen Vierrad-Antrieb, aber sie verkauften sich trotzdem nicht gut. Nachdem die Hanomag 250.000 Traktoren gebaut hatte, wurde die Produktion 1971 eingestellt. Seine Baumaschinensparte überlebte aber und wurde später von Komatsu übernommen.

Oben: Die großen Hanomags waren nicht auf Straßeverkehr beschränkt, sie konnten ebenso gut einen Pflug über ein Feld ziehen, wie man hier sieht.

Rechts: Hanomags tapferer Versuch, in den 60er-Jahren ein völlig neues Angebot wie diesen Granit herauszubringen, wurde ein Fehlschlag.

Hatz, Deutschland

Hatz war eigentlich das klassische Beispiel eines Motorenherstellers, der in das Traktorengeschäft als Nebengeschäft einstieg, auch wenn in diesem Fall die Zeitspanne recht kurz war. Es war aber weder eine Fusion noch eine Übernahme oder ein ökonomischer Kollaps, der Hatz das Ende brachte, es war schlicht und ergreifend der Vorstandsbeschluss, sich auf das zu konzentrieren, was man am Besten konnte – den Bau von Dieselmotoren.

Die Brüder Hatz gründeten ihr Unternehmen 1880 und spezialisierten sich schnell auf die Herstellung von Verbrennungsmotoren. Wie viele deutsche Maschinenhersteller, registrierten sie sofort das Potenzial von Rudolph Diesels Motor mit Kompressionszündung für eine ganze Reihe von Einsatzmöglichkeiten. Diese frühen Diesel waren meist massive, schwer in Schwung zu be-

Oben: Dieser Hatz arbeitet immer noch regulär auf dem Lande in Bayern und unterstreicht damit seine Zuverlässigkeit und seine Langlebigkeit.

Links: In seinem ersten Jahrzehnt stellte Hatz nur Ein- und Zweizylinder-Motoren her, doch ab 1964 hatte die Firma auch einen Dreier im Angebot. Der Gesellschaft gelang der Sprung ins 21. Jahrhundert mit der Konzentration auf den Bau stationärer Motoren.

Rechts: Dieser TL33 war ein typischer Gebrauchs-Traktor von Hatz und dies ist das einzige bekannte überlebende Exemplar seines Typs. Der belgische Besitzer Corry Nijsen ist Mitglied des »Bocholter Traktoren & Motoren Clubs«, der jedes Jahr viele Veranstaltungen organisiert.

Unten: Traktoren von Hatz waren nicht schlecht, aber der erbitterte Konkurrenzkampf überzeugte die Gesellschaft davon, diesen Bereich aufzugeben und sich auf ihr Kerngeschäft, den Motorenbau, zu besinnen.

kommende Triebwerke für Schiffe und Lokomotiven. Als die Gesellschaft nun 1910 ihren ersten Halbdiesel baute und dann 1918 den ersten Volldiesel, hätten nur sehr wenige prophezeit, dass bereits um 1930 kleine Traktoren so angetrieben werden könnten.

Doch der Hatz-Traktor erschien auch nicht zu diesem Zeitpunkt. Es dauerte bis 1950, bis endlich die ersten Modelle auf den Markt kamen. Es war ein klassischer, kleiner deutscher Vielzweck-Traktor mit ein paar Zugeständnissen an die moderne Technologie, so machte er zum Beispiel von den Vorkriegserfahrungen seiner Herstellerfirma mit luftgekühlten Dieselmotoren Gebrauch. Es gab eine Ein- und eine Zweizylinder-Ausführung und ab 1964 baute Hatz auch eine Dreizylinder-Version. Allerdings boten ganze Heerscharen deutscher Firmen gerade Traktoren dieses Typs an, während sich der Markt immer mehr den großen Maschinen zuwandte. Es bestand ein starker Konkurrenzkampf und so traf Hatz die einsichtige Entscheidung, sich wieder aus dem Traktorengeschäft zurückzuziehen und sich ausschließlich der Herstellung von Dieselmotoren zu widmen.

Hela, Deutschland

Es gab nicht nur eine Lanz-Traktorenfabrik, die von Deutschland aus erstrahlte, sondern zwei. Einer dieser beiden Hersteller, der größere und bekanntere, war das Werk von Heinrich Lanz in Mannheim, dem Erbauer des allgegenwärtigen Bulldog, das später von John Deere übernommen wurde. Dagegen war Hermann Lanz das kleinere, im oberschwäbischen Aulendorf ansässige Unternehmen, das seinen ersten Traktor 1929 herausbrachte. Trotz der unterschiedlichen Größen gab es geradezu unvermeidbare Konfusionen über zwei deutsche Traktorenhersteller, die denselben Namen trugen. Darum nannte Hermann Lanz seine Maschinen nach dem Zweiten Weltkrieg »Hela«, um so eine eigenständige Marke zu schaffen. Davon abgesehen waren die Nachkriegs-Helas aber typische kleine deutsche Traktoren ihrer Zeit mit einem selbstgebauten Dieselmotor der Firma ausgestattet waren. 1978 endete die Produktion.

Oben: Traktoren, wie dieser Hela von 1954 mit einem 15 PS-Motor von MWM, wurden von Hermann Lanz gebaut. Nach dem Zweiten Weltkrieg wurde die Firma in Hela umbenannt, um Verwirrung mit Maschinen von Heinrich Lanz zu vermeiden.

Links: Ein Hela DS15 von 1956 mit einer 1050 ccm großen Einzylinder-Maschine mit 15,5 PS.

Oben: Ein Holder B10 von 1957 mit Vierrad-Antrieb und einem wassergekühltem Zweitakt-Diesel mit 10 PS von Sachs für den Einsatz bei Gärtnereien.

Holder, Deutschland

Die Firma Holder aus Metzingen bei Stuttgart ist schon ebenso lange auf kleine Traktoren für den Gartenbau, Obstplantagen und Weinberge, wie auf Maschinen für Parks und andere kommunale Aufgaben spezialisiert. Das Unternehmen baute 1930 zuerst den zweirädrigen Pionier, eine einfache Maschine, typisch für einen ZweiradKultivator hinter dem der Arbeiter herging. Seine erste Vierrad-Maschine war bald darauf der A10 mit einem 10 PS-Dieselmotor. In den frühen Jahren verwendete Holder eine ganze Reihe verschiedener Motoren: Benzinantriebe von Sachs und JLO, Diesel von MWM und Sachs und dazu ebenso eigene Motoren.

Holder überlebte den Zweiten Weltkrieg und bot gegen Ende der 50er Jahre konventionelle kleine Traktoren, wie 1959 den 12 PS Diesel B12, an. Die Firma spezialisierte sich auch auf niedrige Traktoren mit Allradantrieb, wie den A12 Cultitrac von 1956, mit einem luftgekühlten 12 PS-Zweitakt-Dieselmotor von Sachs. Der A12 bot ein Fünfganggetriebe und war als AM2 mit 20 PS auch in einer größeren Ausführung erhältlich. Anstelle des Einzylinders von Sachs besaß dieser Holders eigenen Zweizylinder-Diesel mit Direkteinspritzung. Dieser verfügte über Wasserkühlung, hatte 994 ccm und erreichte mit einem Sechsganggetriebe 19 km/h.

Dies alles waren Traktoren mit starren Fahrgestellen, aber Holder begann bald mit dem Bau von Maschinen in hydraulischer Knickbauweise, um die Manövrierfähigkeit in Weinbergen und Obstplantagen zu maximieren. 1974 gehörte zu dieser niedrigbauenden Baureihe mit Allradantrieb auch der 30 PS starke AG35 Cultitrac und die 40 PS leistenden AG45 und AG55. Letzterer nutzte Holders eigenen 2,0 Liter großen Viertakt-Dreizylinder Diesel. Zur Entstehungszeit dieses Buches bot die Gesellschaft weiterhin ein Sortiment dieser wendigen kleinen Maschinen, sowie den A440S, A550S und den A560 Turbo an.

Oben: Dies ist einer der Traktorentypen, auf die sich Holder seit den 50er-Jahren spezialisierte, die alle auf derselben Form des niedrigen Chassis mit Allrad-Antrieb basierten – perfekt für die europäischen Weinberge.

Links: Holder aus Deutschland begann mit zweirädrigen Ackerfräsen, stellte aber später auch welche mit vier Rädern her. Dieses Exemplar hat den für kleine deutsche Traktoren typischen Passagiersitz auf dem Kotflügel.

Oben: Ungarns langlebigster Traktor war die in Lizenz gebaute Version des Lanz Bulldog, auch wenn HSCS durch Clayton & Shuttleworth ein paar britische Wurzeln besaß.

HSCS, Ungarn

Der Name HSCS stand für Hofherr-Schrantz-Clayton-Shuttleworth, ein Spiegelbild seiner Gründer, das britische Dampfmotoren-Fabrikanten ebenso umfasste wie ungarische Geschäftsinteressen. Clayton & Shuttleworth wurden 1912 abgefunden und die jetzt vollständig ungarische HSCS baute 1923 ihren ersten Traktor. Er war benzinbetrieben, doch die Firma ist besser bekannt durch ihre Ausgabe des allgegenwärtigen Lanz Bulldog Halbdiesel, der ab 1938, als Lanz die Gesellschaft aufkaufte, bis in die 50er-Jahre hinein gebaut wurde. Bereits 1951 umgetauft auf Red Star Traktoren, begann HSCS ab 1960 den Markennamen DUTRA zu führen, und durch die 60er-Jahre hindurch DUTRA-Zweizylinder mit Allradantrieb zu verkaufen.

Rechts: Dies ist ein angemessener Name für einen sehr robusten Traktor, in diesem Fall einem 40 PS Modell des von HSCS gebauten Lanz-Schleppers.

Hummel, Deutschland

Die Landmaschinenfabrik A. Hummel aus Heitersheim in Oberbaden wurde 1907 gegründet und brachte 1950 ihre erste Zweirad-Ackerfräse heraus. Sie hatte einen 640 ccm Einzylinder-Motor von Fichtel & Sachs, aber weit größere, leistungsstärkere Motoren folgten, als eine Reihe von Vierradtraktoren entwickelt wurde.

Der erste vierrädrige Traktor vom Typ DT 54 hatte einen 10 PS-Dieselmotor, aber die Leistung wurde 1957 weiter auf 12 PS gesteigert, bis Hummel 1959 schließlich ein 20 PS Modell im Angebot hatte. Inzwischen war der kleine Traktor sogar mit Allradantrieb erhältlich, aber die Firma baute ab 1957 auch einige Fahrzeuge, von denen 126 Exemplare nach Frankreich exportiert wurden. 1963 kam eine 14 PS Maschine mit Gelenksteuerung hinzu, die einen luftgekühlten Einzylindermotor von Slanzi mit 665 ccm und ein Getriebe mit neun Vorwärts- und drei Rückwärtsgängen hatte. Zwei Jahre später kamen noch eine 27 PS und eine 31 PS-Ausführung einer Knickrahmenvariante. Die stärksten Hummel hatten Deutz- und MWM-Dieselmotoren. Hummel überlebte nicht lange, 1966 kam das Aus.

Unten: In einer Obstplantagenidylle präsentiert sich dieser »Hummel«-T20 von 1950, der mit einem luftgekühlten Zweizylinder-Motor von MWM mit 20 PS ausgerüstet ist.

Rechts: Hans Hürlimann begann mit einem überaus simplen Einzylinder-Traktor mit Benzinmotor, machte sich aber durch seine technischen Innovationen in den 30er-Jahren einen Namen, besonders durch den D100.

Unten: Für diese Zeit war der D100 mit seinem Vierzylinder-Direkteinspritz-Motor und seinem Fünfganggetriebe über die Maßen fortschrittlich.

Hürlimann, Schweiz

Von allen Schweizer Herstellern war Hürlimann der langlebigste und auch der produktivste. Die Firma produzierte bereits vor Bucher, Bührer und Vevey Traktoren, obwohl Hürlimanns erster Schlepper erst 1929 der Öffentlichkeit vorgestellt wurde, was zeigt, dass die Schweiz später als die meisten anderen europäischen Länder in das Geschäft einstieg.

Genau wie viele seiner in der Schweizer Heimat aufgewachsenen Rivalen, entwickelte sich auch Hürlimann schnell zu einem Aushängeschild des Schweizer Traktorenbaus. Die Schweiz ist ein kleines, aber ziemlich wohlhabendes Land mit kleinen Höfen und größeren Bergregionen. Das Aussehen ihrer einheimischen Traktoren spiegelte dieses wieder. Zwar klein an Größe, so waren sie doch technisch fortschrittliche Konstruktionen. Da-

Links außen: Der Schweizer Traktorenmarkt war nur klein, daher überarbeitete Hürlimann viele seiner Maschinen für das Militär – die Schweizer Armee wurde sein größter Kunde.

Links: Dieser 5200 von 1977 zeigt typische Besonderheiten von Hürlimann. Es ist eine 15-25 PS-Maschine mit zweistufigem Zehnganggetriebe.

Unten: Als Teil der SAME-Deutz-Fahr Gruppe überlebte Hürlimann in die 90er-Jahre hinein; dies ist ein H-358.

her konnte Hürlimann nur zehn Jahre nachdem sein erster Traktor auf den Markt gekommen war für sich in Anspruch nehmen, der Welt ersten Dieselmotor mit Direkteinspritzung anzubieten, auch wenn die MAN dem wohl widersprechen würde.

Während des Zweiten Weltkrieges endete die Produktion vorrübergehend, aber der Direkteinspritzer von 1939 wurde ab 1945 als D100 weitergebaut. Ein Direkteinspritzer-Diesel war schon fortschrittlich genug für seine Zeit, aber der D100 bot zusätzlich noch ein Fünfganggetriebe, eine zweistufige Schwungscheibe, eine Zapfwelle und eine Differenzialsperre. Eine derartige Liste von Besonderheiten würde schon bei einem modern ausgestatteten Traktor nicht schlecht aussehen, ganz zu schweigen bei einem, der schon vor einem halben Jahrhundert gebaut wurde. Aber nicht nur das, er bot auch noch kräftige 45 PS und war damit sehr leistungsstark für seine Größe. Ein weiterer interessanter Aspekt des D100 waren seine ziemlich kleinen Hinterräder und sein bewusst tiefliegender Schwerpunkt, um dem Traktor bei starkem Gefälle Stabilität zu verleihen.

Auch die äußerst beengten Schweizer Geländeverhältnisse konnten Hürlimann in den 60er-Jahren nicht an seiner Pionierarbeit auf dem Gebiet der Hochleistungs-Traktoren hindern und die Firma baute ihren eigenen 155 PS-Sechzylinder-Diesel. Aber trotzdem bestand der Kern des Angebotes immer noch aus kompakten Vierzylindermaschinen, solchen wie dem 1975er D310 und dem 1979er 5200, jetzt mit recht eckigem Styling – die frühen Hürlimanner hatten sich im Stil über fast 20 Jahre nicht verändert!

Aber seine Tage als unabhängiger Hersteller waren vorüber und Hürlimann wurde durch den sehr erfolgreichen italienischen Traktorenbauer SAME übernommen. Heute überlebt die Marke Hürlimann als Teil des SAME-Imperiums und bietet ein komplettes Maschinenangebot vom Prince (27–42 PS) bis zum SX1200-1500 (120–150 PS).

International, Frankreich

Die International Harvester Company, kurz IHC genannt, exportierte ihre in Amerika hergestellten Traktoren von Beginn an nach Deutschland und auch Frankreich, wo sie dann von der CIMA (Compagnie Internationale des Machines Agricoles) verkauft wurden. Es gab nach dem Zweiten Weltkrieg in Frankreich eine große Nachfrage nach kleinen Maschinen, denn es war eine Nation von Kleinbauern, viele seit dem Kriegsende immer noch im Aufbau begriffen. Das Land hatte deshalb einen starken Bedarf an kleinen Traktoren, die sowohl auf dem Feld, wie auch beim Weinanbau eingesetzt werden konnten.

So beschloss International ungeachtet der Tatsache, dass man schon eine große und bestens etablierte Fabrik im deutschen Neuss besaß (die wieder aufgebaut, zurück in der zivilen Produktion war und 1946 ihren ersten Nachkriegstraktor herausgebracht hatte), auch in Frankreich ein Werk zu bauen. Tatsächlich entstanden dann sogar zwei, eines in Croix und eines in Monataire, die zusammen zwischen 1951 und 1961 ungefähr 100.000 Maschinen herstellten.

Typisch für ihrer Produktion war der Farmall Cub, der Kleinste der Farmall-Reihe. Klein wie er war, war er doch ein original in den USA entworfenes Modell, das sich 1947 den Standardtests der Universität von Nebraska unterzogen hatte. Er bot eine Vierzylinder-Alternative zu den sonst in Europa angebotenen Ein- und Zweizylindermaschinen und hatte einen von der Firma selbst hergestellten 970 ccm-Antrieb.

Entsprechend dieser äußerst harten Tests, die ihm ein hervorragendes Zeugnis im Vergleich mit anderen Traktoren ausstellten, brachte es der Cub im zweiten Gang am Zughaken auf 7,86 PS und am Treibriemen auf 10,39 PS. Das Dreiganggetriebe brachte es von 3,93 km/h bis auf 11,75 km/h und der ganze Traktor wog dabei nur 850 kg. Alle diese 1956 aufgezeichneten Daten beziehen sich auf den in den USA konstruierten Cub, auch wenn die in Frankreich gebaute Maschine weitgehend baugleich war.

Ganz gleich aber, wo er gebaut worden war, der Cub war eine vielseitige kleine Maschine, mit tief liegendem Schwerpunkt besonders für Arbeiten in Parks und auf Golfplätzen. Er war auch mit einem hydraulischen Gerätelift erhältlich. Die Variante für die Feldarbeit besaß mehr Bodenfreiheit und die Arbeitsgeräte konnten seitlich oder auch hinten angebracht werden. Der Cub wurde 1958 überholt, um Teil einer Baureihe der amerikanischen International mit dem klangvollen Namen »New World of Power« zu werden und wurde in den Staaten noch bis 1979 produziert. Bedauerlicher Weise war das französische Modell nicht so langlebig. Bereits in den späten 50er-Jahren litt IHC unter dem allgemeinen Konkurrenzdruck und wurde in den USA von John Deere übernommen. Schließlich entschloss sich International, von den geschäftigen Werken in Deutschland, Großbritannien und Frankreich die französische Produktionsstätte zu schließen.

Unten: Ein Beispiel der französischen Produktion von International, einen 533-5A aus den 70er-Jahren, zieht in Süddeutschland eine Ballenpresse Markant 50 von Claas.

Oben: Ein »Farmall Cub« von 1958, gebaut in der International-Fabrik in Cima in Paris. Der Besitzer ist Jean Faydi aus Cahors im Lot Valley.

Links: Der kleinste im International-Sortiment, der in Frankreich gebaute Cub, besaß einen 974 ccm großen Vierzylinder-Motor mit 10,5 PS bei 1600 U/min.

Rauchen
verboten
McCORMICK
NOH
HA324

International, Deutschland

Links: Der zwischen 1956 und 1962 gebaute D-324 war ein mittelgroßer Traktor, der Internationals Angebot für den deutschen Markt bereicherte.

Es gab eine Zeit, zu der alle amerikanischen Traktorenhersteller mit Zweigwerken in Europa arbeiteten: Ford in Großbritannien, Massey Harris in Frankreich und John Deere in Deutschland. Dies war mehr als sinnvoll, da es nicht nur die Ausgabe sparte, die Traktoren über den Atlantik verschiffen zu lassen, sondern die europäischen Fabriken konnten auch Maschinen in Größe und Ausstattung gezielt für den Markt in Europa produzieren. Sie passten wesentlich besser hierher als die in den USA für die riesigen Kornkammern im mittleren Westen gebauten Giganten. Von all diesen Firmen war vielleicht die International Harvester die produktivste, denn sie hatte zeitweilig parallel arbeitende Werke in Frankreich, Großbritannien und Deutschland.

Die Verbindungen nach Deutschland reichten bei der International weit zurück bis zu ihrem ersten Verkaufsbüro 1908. Im folgenden Jahr wurden gerade einmal 52 Traktoren aus den USA exportiert und 1911, dem ersten Jahr der deutschen Montage, wurden 700 von ihnen in Deutschland zusammengebaut, 1914 waren es dann bereits 800. Zwischen 1925 und 1937 wurden zudem über 2500 amerikanische Traktoren importiert.

Das Jahr 1937 bedeutete für die Geschichte der International Deutschland den Anfang einer neuen Ära, denn es begann die Produktion des Farmall F-12G in der eigenen Fabrik in Neuss. Dieser war dem in den USA gebauten Farmall F12 sehr ähnlich, der schon fünf Jahre zuvor das Einführungsmodell der überaus erfolgreichen Farmall-Reihe gewesen war. In der deutschen Variante arbeitete er mit einem 1,8 Liter Vierzylinder Benzinmotor und brachte es auf 13 PS (oder 15 PS nach deutscher Maßeinheit). Der Motor war auf 1400 U/min eingestellt, hatte eine Zündung von Bosch und fuhr mit einem Drei- oder Vierganggetriebe. Inter-

Unten: Das Standardgetriebe von International war sechsgängig und mit der Option der Agriomatik achtgängig (davon zwei Rückwärtsgänge).

Oben: Der zwischen 1958 und 1962 gebaute D-440 hatte einen 2,2 Liter Vierzylinder-Dieselmotor mit 2,2 Litern und 40 PS bei 1.900 U/min. Das Achtgang-Agromatik-Getriebe gehörte zum Standard.

essanterweise wurde er zunächst unter dem Namen »Deering« und später »McCormick« vertrieben.

Der F12 wurde auch während der Zeit des Zweiten Weltkriegs produziert, aber die kriegsbedingte Benzinknappheit zwang den deutschen Zweig der International dazu, die gasbetriebenen HG- oder HS-Maschinen anzubieten, bei denen das Gas durch einen Holzbrenner erzeugt wurde. Sie waren 1943/44 erhältlich und produzierten die gleiche Leistung wie der F12, allerdings mit einer größeren 2,0 Liter Maschine. Nach dem Krieg lief die Produktion des benzingetriebenen 2,0 Liter FS neben dem 17 PS FG weiter, die große Neuigkeit war aber der 2,4 Liter Diesel FGD von 1950. Zu diesem gesellte sich im darauf folgenden Jahr der Farmall DF25 Diesel (2,0 Liter, 21 PS) und 1953 der kleinere Zweizylinder DLD2 mit 1,1 Liter und 12 PS. Bis in die frühen 60er-Jahre hinein machte International mit Zwei-, Drei- und Vierzylindern weiter und ersetzte diese dann 1962 durch einen neue Baureihe, die mit den 1,1 Liter-Zweizylinder D-215 sowie den 1,8 Liter-Dreizylinder D326 umfasste und im 2,4 Liter-Vierzylinder D-439 mit 31 PS gipfelte. Die Leistung stieg die 60er-Jahre hindurch weiter an, wie mit dem 3,1 Liter D-514, der 1963 zu der Serie hinzu kam, jetzt aber mit einem neuen, etwas eckigen Aussehen und mit 43 PS. Dieser wurde 1965 vom 3,4 Liter 624 (mit 49 PS) übertrumpft und 1969 durch den 3,9 Liter 724 (57 PS) vollends überrundet, der zwei Jahre später auf 63 PS gesteigert wurde. Es gab auch wendige Traktoren für den Weinanbau mit schmaler Spurbreite, um sich zwischen die Rebstöcke zwängen zu können.

Einige der deutschen International-Traktoren zeichneten sich durch ihre unverwechselbare, gewölbte Panorama-Windschutzscheibe aus, die man hochklappen konnte, um für eine ausreichende Belüftung zu sorgen. Der 946 war die erste Sechszylindermaschine von International Deutschland, mit 5,1 Litern und 72 PS oder mit 5,8 Litern und 85 PS, letzterer war auch ab 1972 als 102 PS Turbo lieferbar. Der lang erhältliche 2,5 Liter Dreizylinder 433, er kam 1975 heraus, blieb für 15 Jahre Bestandteil der Baureihe, obwohl es viel leistungs-

Rechts: Der kleinste Traktor benötigte den kleinsten Motor, und d er des D-214 war ein 1.088 ccm großer Zweizylinder-Diesel, der 14 PS leistete.

stärkere Traktoren der 33er-Serie gab, wie den 51 PS 733 und den 57 PS 833, die beide bis in die späten 80er-Jahre hinein produziert wurden, als der kleine Zweizylinder von International schon lange verschwunden war. Neben der 33er Serie gab es noch die 44er-Serie, zu der auch der 884-S, eine 68 PS Vierzylindermaschine, gehörte.

Ab 1977 war der Turbolader 1255 das Spitzenmodell, mit der jetzt schon bekannten 5,8 Liter-Sechszylindermaschine auf beinahe 106 PS gesteigert, dazu mit Allradantrieb und einem Zwölf- oder Sechzehngang-Getriebe. Er wurde ein paar Jahre später durch den 123 PS starken 1455 überrundet, während in den 80er-Jahren dann die angesehene XL-Serie herauskam, die mit dem 3,9 Liter 743XL begann. Dem 956XL (5,8 Liter ohne den Turbo-Sechser) gelang eine zehnjährige Produktionszeit (1982–1992), während der die International von Case übernommen wurde.

Zu dieser Zeit hatte der neue Hochleistungs-Traktor Maxxum schon sein Debüt gegeben, dessen Motoren vom 77 PS leistenden 5120 bis zum 5140 mit 94 PS reichten. Sie alle waren leistungsstärker als die Pro-Reihe von 1996 und ein typisches Getriebe war das Sechzehngang-Powershift mit Powershuttle und der Möglichkeit von eine Geschwindigkeit von 40 km/h. 1993 begann Case – die Konzernmutter von International –, die Schlepperfertigung von Deutschland ins britische Werk Doncaster zu verlegen. Sukzessive wurden in den folgenden Jahren einzelne Teile des Werkes in Neuss stillgelegt. Am 27. Juni 1997 lief dann der letzte in Deutschland montierte IHC-Schlepper, ein MAXXTRAC 5150 vom Band und die Werkhallen wurden abgerissen.

Ganz oben: Ein D-214 mit einem angehängten Rechen von McCormick. Das Standardgetriebe war sechsgängig und der D-214 wog mehr als eine Tonne.

Oben: Der D-214 war nicht der einzige deutsche Zweizylinder von International. Der 320 hatte einen 1,6 Liter Zweizylinder mit 20 PS.

Links: International Deutschland baute auch größere Traktoren, wie diesen D-514 mit 3,1 Liter und 50 PS.

International / McCormick UK, Großbritannien

Unten: Einer der ersten in Großbritannien gebauten International, der BMD. Dies war eine Version des Farmall BM mit Diesel-Antrieb, die aus dem in den USA gebauten Farmall M entwickelt worden war.

Ganz rechts: Die britische Modellpalette von International vergrößerte sich in den 50er-Jahren mit dem Super BW6, der britischen Version des in Amerika hergestellten W6.

International Harvester, einer der fünf größten Traktorenhersteller der USA baute in Doncaster für über 50 Jahre Maschinen, und das hätte noch länger andauern können. International hatte schon von Beginn an Traktoren nach Großbritannien exportiert und in den 20er-Jahren auch ein paar der Montagearbeiten an den aus Nordamerika importierten Traktoren im Vereinigten Königreich ausführen lassen. Aber um aus dem expandierenden britischen und deutschen Traktorenmarkt wirklich einen Vorteil ziehen zu können, brauchten sie dort eine Produktionsstätte und begannen 1938 ein 9.300 m² großes Werk in Doncaster zu bauen.

Der Krieg kam dazwischen, aber 1948 baute Doncaster Pflüge und Erntemaschinen und der erste Traktor rollte im folgenden Jahr vom Band. Dies war tatsächlich der amerikanische Farmall M, mit nur einer kleinen, äußerst geringfügigen Veränderung, der gesamte Vierzylindermotor aber war immer noch ein Komplettimport aus den USA. Als dann die Produktion Gas gab, bekamen ab 1951 auch die UK-Traktoren britische Motoren. Hier sei der Farmall BM genannt, der von Doncaster aus in andere Teile Europas exportiert wurde und der 1952 in der Diesel-Version BMD erschien.

1953 vergrößerten dann auch Raupenschlepper, wie der Super BW-6 das Angebot, dem später die Doncaster-Variante des International W6 als BWD-6 zur Seite gestellt wurde. Es gehörten auch Industriemaschinen zum Sortiment und 1963 eröffnete International in Doncaster eine zweite Fabrik in Carr Hill, um so der wachsenden Nachfrage Herr zu werden. Carr Hill war für eine ganze Zeit das Hauptwerk für die Produktion der mit Rädern ausgerüsteten Traktoren, besonders für den B450, den B614 und den B634, aber auch für

Links: Der International B450 war die Version mit Allradantrieb, die in Doncaster gebaut wurde und ein offizielles Modell von International, doch er hatte Teile von Roadless.

Unten: Ein International Super BWD-6 mit Dieselantrieb. 1990 kaufte Nick Austin diesen Traktor, nachdem er 30 Jahre treue Dienste in der Landwirtschaft geleistet hatte.

Modelle der 70er-Jahre mit Synchronisierung und Hydrostatik. Das Werk baute ab 1980 ebenfalls die Hi-Performer Reihe, wurde aber 1982 geschlossen und die Traktorenproduktion wanderte wieder zurück in die erste Fabrik in Wheatley Hall. Drei Jahre später wurde Carr Hill wieder eröffnet und produzierte Getriebe und Teile der Antriebsanlagen für die in den USA gebauten Maschinen.

Zu dieser Zeit hatte Tenneco, der Besitzer von JI Case die International Harvester in den Staaten übernommen, aber dies sollte keinen großen Effekt auf die Arbeiten in Doncaster haben. Wheatley Hall wurde der Hauptsitz von Case UK Ltd. und in den späten 90ern das Hauptzentrum der europäischen Produktion, von dem aus 85 Prozent der Maschinen exportiert wurden. Im gleichen Jahr wurde in Doncaster der 350.000 Traktor gebaut und das Werk feierte seine 50 Jahre in der Traktorenproduktion.

Doncasters Status innerhalb des neuen Case HI Imperiums Rechnung tragend, erhielt es Mitte der 90er-Jahre einen wesentlichen Investitionsbeitrag. Eine Aufbauspritze von 10 Millionen Pfund ließ die beiden Hauptgebäude in Wheatley zusammenwachsen und noch eine komplette Neuausstattung der Fabrik zu, die sie zu einem der modernsten Montagewerke für Traktoren in der Welt werden ließ. Das Investitionsprogramm trug seine Früchte in Form eines ambitionierten Programms zur Traktorenentwicklung, aus dem die Maschinen der CX-Serie (50–100 PS), der MX Maxxum C

Links: Der späte B450 war mit Zwei- oder Vierradantrieb erhältlich, ausgestattet mit einer original Segeltuch-Kabine von Lambourne.

Rechts: Der erste in Britannien hergestellte International war der Farmall M, zusammengebaut aus Bausätzen, die man aus den USA importierte. Dies ist eine Version von 1949.

Unten: Ein 1958 in Doncaster gebauter Farmall, hier mit einem museumsreifen Pflug von David Brown, gefahren von John Friend.

Unten rechts: Ein International 434, einer der vielen über fast ein halbes Jahrhundert in Großbritannien gebauten Traktoren von International.

(80–100 PS) und der Maxxum MX (100–170 PS), erwuchsen. Mehr denn je schien Doncasters Platz in der Case-International-Company gesichert zu sein.

Aber das Jahr 1999 sollte sich als absoluter Höhepunkt herausstellen und nur wenige Jahre später war dieses Vorzeigeexemplar der Traktorenindustrie reif für den Verkauf. Tatsächlich waren die Warnsignale schon ein Jahr vorher zu vernehmen gewesen, als Case IHC im Jahr 2000 mit New Holland fusionierte und sich so zu CNH Global formierte. Wie der Name es vermuten lässt, war das Resultat ein multinationaler Gigant der Traktorenindustrie mit Werken zu beiden Seiten des Atlantiks. Er war in der Tat so riesig, dass europäische Behörden entschieden, es dürfe nur dazu kommen, wenn der Doncaster-Komplex verkauft werden würde.

Landini meldete sich als Erster und so befand sich Doncaster Ende 2000 zum ersten Mal in europäischem Besitz. Aber es wurden hier keine Landini-Traktoren gebaut. Teil des Abkommens war es, dass Doncaster damit fortfuhr, die Case-Serie CX, MC-X und die Maxxum-Reihe zu produzieren, die dann weiterhin durch

Case-Händler verkauft werden sollten und zwar in Europa unter dem Namen McCormick und überall sonst als Cases. Der Name enthielt den Hinweis auf Doncasters Vergangenheit mit International – denn McCormick war eine der vier Gesellschaften, die 1902 fusioniert waren, um International zu bilden. So wurde ein altes Markenzeichen wiederbelebt und Doncaster als Hauptzentrum der europäischen Traktorenindustrie gerettet.

Ivel, Großbritannien

1902 patentiert und ein Jahr später in Produktion gehend, war Dan Albones Ivel der erste in Europa gebaute, benzinbetriebene Traktor und wahrscheinlich der erste wirklich funktionsfähige Leichttraktor der Welt. Mr. Albone war ein produktiver Erfinder (und nebenbei bemerkt ein Meister des Radrennsports), der leider 1906 verstarb und ohne seine leitende Hand kam Ivel Agricultural Motors aus dem Gleichgewicht und ging 1920 in Konkurs. Doch dessen ungeachtet bleibt Mr. Ivels Maschine als wahrer Pionier der europäischen Traktorenproduktion in Erinnerung.

Unten: Der wohl erste funktionstüchtige leichte Traktor der Welt, der dreirädrige Ivel, war über einige Jahre in Produktion. Dieses Exemplar von 1903 gehört John Moffit.

JCB, Großbritannien

Die meisten Menschen assoziieren mit den Buchstaben diese strahlend-gelben Bagger, die auf der ganzen Welt ein untrügliches Anzeichen für ein Bauprojekt sind, obwohl Joseph Cyril Bamfords vielseitiger Bagger viele Male kopiert wurde, seit das Original 1950 erschien.

Aber Mr. Bamfords Wurzeln lagen in der Landwirtschaft, daher waren die ersten Produkte des 1945 in einer Garage gegründeten Unternehmens auch Anhänger, die in den späten 40er-Jahren für ortsansässige Bauern gemacht wurden. Dann wurden schnell hydraulische Frontlader mit in das Sortiment aufgenommen, von denen der erste zu einem Fordson Major passte. In der Zwischenzeit veranlasste der überwältigende Erfolg seines Baggers JCB, seine Verbindungen zur Landwirtschaft bis in die 80er-Jahre zu unterbrechen, als eine Untersuchung ergab, dass europäische Bauern ihre Traktoren bis zu 70 Prozent der Zeit auf der Straße nutzen.

Sicherlich, so überlegte man bei JCB, würde hier ein Markt für einen feldtauglichen Traktor bestehen, der auf der Straße bis zu 64 km/h schnelle sein könnte – und damit war der »Fastrac« geboren. Es hatte in der Vergangenheit schon Bemühungen gegeben, einen schnellen Schlepper zu bauen, aber der Fastrac wurde der mit dem größten Erfolg. Von einem Sechszylinder-Perkins-Diesel der Serie 1000 angetrieben und mit Rundumfederung ausgestattet, bewährte er sich sowohl auf dem Feld als auch auf der Straße, und schnell folgten ihm andere Traktorenhersteller mit ihren schnellen Traktoren nach.

Unten: Der Fastrac war ein Pionier auf dem Gebiet der schnellen Schlepper, indem er 64 km/h Höchstgeschwindigkeit auf der Straße mit harter Feldarbeit verband.

John Deere, Deutschland

Als der amerikanische Riese John Deere im November 1956 die Heinrich Lanz AG übernahm, hatte er keinerlei Absichten, mit der veralteten Bulldog-Reihe weiterzumachen. Von nun an in John Deeres Farben Grün und Gelb lackiert und als »John Deere Lanz« bezeichnet, wurde die Einzylinder-Reihe immer weiter beschnitten, bis sie in den 60er-Jahren langsam verschwand. An ihre Stelle traten einige moderne Vierzylinder Diesel-Traktoren, der 300 und der 500, mit bemerkenswerten 28 PS respektive 36 PS und einem Zehnganggetriebe. Die Motoren leiteten sich von denen der in den USA erschienenen »New Generation« ab. Sie waren die ersten modernen Mehrzylinder-Traktoren, die in der Lanz-Fabrik in Mannheim gebaut und neben einfachen 440 Raupenschleppern verkauft wurden, auch wenn letztere mit Dreizylinder-Dieselmotoren von Perkins ausgestattet waren.

Oben: Der letzte Lanz Bulldog kam in John Deeres Farben daher, auch wenn er unter der Hülle kaum verändert war. Dieser Typ 2816 von 1959 war einer der letzten – die völlig neuen Vierzylinder-Motoren erschienen im folgenden Jahr.

Links: Ein John Deere 1140, der 1975 als »Schedule Master« angekündigt wurde und Teil der modernisierten Serie 40 war, die vom Dreizylinder 840 bis zum Sechszylinder 3140 reichte.

Oben: Der 4040S war einer der größeren zwischen 1976 und 1982 in Deutschland gebauten John Deeres. Er bot, neben dem 4240S mit 132 PS, mit seinem Sechszylinder-Diesel 115 PS.

Ihnen folgte 1962 der Zweizylinder 100 mit 18 PS der komplett mit einem im deutschen Stil angebrachtem Passagiersitz auf dem Kotflügel geliefert wurde. Er war eigentlich die moderne Variante der kleinen Gebrauchstraktoren, die über Jahrzehnte in Deutschland gebaut worden waren. Am anderen Ende der Serie stand der Vierzylinder 700 mit 40 PS. John Deere begann sich zu dieser Zeit weiter über Europa auszubreiten. Im selben Jahr baute das Unternehmen ein neues Motorenwerk im französischen Saran und übernahm bald auch die Kontrolle über Lanz Iberica in Spanien – und beide sollten eine Schlüsselrolle bei John Deeres weiterer europäischer Expansion spielen.

Der Name Lanz wurde 1963 fallengelassen (obwohl Traktoren auf dem deutschen Markt ihn noch immer trugen), die Reihe wurde erweitert und schloss nun auch den 303 und 505 mit ein. Alle Mannheimer Traktoren wurden modernisiert, der kleine 100 wurde zum 200 mit 29 PS und stand nun neben dem 310 mit 37 PS, dem 510 mit 47 PS und dem 710 mit 59 PS. 1967 fiel das nächste Augenmerk der Modernisierung auf die 20er-Baureihe, was fünf neue Größen der Mannheimer John Deeres bedeutete: Die Dreizylinder 820 mit 40 PS, 920 mit 47 PS, 1020 mit 55 PS und 1120 mit 61 PS, alle mit Dieselantrieb und an der Spitze den Vierzylinder 2020 mit 75PS. Auf Nachfrage wurden die größeren Traktoren, wie der 3020, der 4020 oder der 5020 direkt aus den Staaten importiert, aber die Mannheimer Reihe wuchs ebenfalls weiter und kündigte 1969 ihre ersten Sechszylinder-Maschine, den 3120 mit 84 PS, an.

Der größte Teil des Angebots wurde zwischen 1972 und 1975 zur 30er-Reihe modernisiert, mit einer neuen, ruhigeren Kabine und einem den in den USA gebauten Deeres sehr ähnlichem Äußeren. Die Modelle für besondere Anforderungen, wie für den Weinanbau und Obstplantagen, hatten sich jedoch nicht verändert. Während der 70er-Jahre wurde die 30er-Serie weiter ausgebaut, so ab 1977 mit der Möglichkeit eines mechanischen Vorderradantriebes und dem neuen Sechszylinder 3030 im darauf folgenden Jahr. In den 80er-Jahren wurde das gesamte Sortiment zur 40er-Serie mit dem Namen »Schedule Masters« und 1981erschien als weitere Neuerung die SoundGard-Kabine. Um sich den schweren ökonomischen Verhältnissen der Zeit anzupassen, wurden 1983 verschiedene Niedrigpreis-Traktoren herausgebracht. Sie waren nicht neu, aber die X-E und die L-P Reihe waren preislich reduziert, aber mit

Oben: In den frühen 90er-Jahren konnte John Deere mit seinen Fabriken in Frankreich, Spanien oder auch in Deutschland mit Recht von sich sagen, ein echter europäischer wie auch gleichzeitig amerikanischer Traktorenhersteller zu sein. Dies ist ein 6910 von 1996.

Links: Der Sechszylinder 6910 entstammte der völlig neuen Angebotspalette, die John Deere 1992 ankündigte; die in den USA gebaute Serie 7000 und die in Deutschland gebaute Serie 6000 teilten viele Komponenten miteinander.

Rechts: Dieser John Deere vom Typ Lanz 2816 ist tatsächlich ein umlackierter und umbenannter Lanz Bulldog. Innerhalb weniger Jahre war der Name Lanz von Exporttraktoren verschwunden, obwohl deutsche Maschinen auf dem Heimatmarkt den Namen noch bis in die 60er-Jahre hinein trugen.

Unten: Die Serie 6000 von John Deere verzichtete auf die konventionelle Traktorenkonstruktion zugunsten eines separaten Stahlchassis – ein echter Fall von »Zurück in die Zukunft«. Dieser 6400 mit 85 PS arbeitet mit der John Deere Ballenpresse 545.

zusätzlichen Möglichkeiten versehen und erfreuten sich regen Zuspruchs. Die 50er-Traktorenserie aus Mannheim reichte vom Dreizylinder 1350 bis zum Sechszylinder 3650 inklusive einiger Turbolader und brachte John Deeres europäische Modellreihe in die 90er-Jahre.

Mitte der 90er-Jahre kündigte die Gesellschaft ein vollkommen neues Maschinensortiment an und die Baureihen 6000 und 7000 wurden gemeinsam in Europa und den USA entwickelt. Mannheim baute die 6000er-Vierzylinder, die vom 6100 mit 75 PS bis zum 6400 mit 100 PS reichte. Später gehörte auch noch der Sechszylinder zur 6000-Reihe ebenso wie das PowrQuad-Getriebe der Vierer-Reihe. Viele mögen das Verschwinden des alten Lanz Bulldog bedauert haben, aber niemand konnte nun widersprechen, dass der Handel mit John Deere für Mannheim sehr gut gelaufen war.

Labourier, Frankreich

Es geht die Geschichte, dass Monsieur Labourier in den 30er-Jahren in einem Krankenhausbett lag, als er ein unbekanntes Flugzeug über sich hinweg fliegen hörte. Es stellte sich heraus, das es von einem CLM-Kolbenmotor angetrieben worden war und er war davon so beeindruckt, das er kleinere CLM Diesel in einigen seiner Traktoren einbaute, die von den 20ern bis in die 70er-Jahre hinein hergestellt wurden. Es fanden aber auch die Motoren vieler anderer Fabrikate Verwendung. Ein typischer Vertreter war der LD25 aus den 40er-Jahren mit einem CLM Zweizylindermotor mit 25 PS.

Links: Labourier baute von den 20er- bis in die 70er-Jahre hinein Traktoren – hier ein LD15 von 1952 –, bevor sie sich ausschließlich der Produktion von Ersatzteilen zuwendeten.

Unten: Ein LD15 mit Einzylinder-U-Motor und 15 PS. Eine größerer Zweizylinder-Version mit vier Kolben betrieb den LD25 mit 25 PS.

Oben: Lamborghinis hingen sehr selten ihrer Zeit technisch hinterher. Dieser 990-F Turbo von 1990 hat ein Powerspeed-Getriebe mit 40 km/h Straßengeschwindigkeit.

Rechts: Im Besitz von SAME erhielten die Lamborghini-Traktoren luftgekühlte Dieselmotoren und die Produktion steigerte sich.

Lamborghini, Italien

Es gibt eine, vielleicht auch frei erfundene Geschichte darüber, wie Lamborghinis exotische Sportwagen zustande kamen. Ferruccio Lamborghini besaß einen Ferrari und noch dazu die Kühnheit, sich bei Signor Ferrari höchstselbst darüber zu beschweren, dass das Getriebe zu geräuschvoll sei. »In diesem Fall«, erwiderte Il Maestro scharf, »sollten Sie dabei bleiben, Traktoren zu machen!« Lamborghini war so verblüfft, dass er stehenden Fußes ins Sportwagengeschäft einstieg, wild dazu entschlossen, Ferrari auszustechen.

Aber wie es sein Widersacher schon angedeutet hatte, Lamborghinis Hauptgeschäft war in der Tat die Traktorenherstellung, und das schon seit 1947, als er damit begonnen hatte, aus ehemaligem Militärgerät Landmaschinen herzustellen. Er sicherte sich eine Ladung von 1000 Morris-Lkw-Motoren. Auch einige Teile von Lkw-Vierradantrieben wurden verwendet. Lamborghinis Hintergrund lag mehr im Bäuerlichen, den er aber mit einem Hauch von Ingenieurskunst umgab – denn das hatte er in Bologna studiert. Als der Nachschub an

Links: Der Grand Prix Turbo 90 – Lamborghinis Sportwagen mögen später eine eigene Gesellschaft gewesen sein, aber hat ihr Sportwagen-Image womöglich Einfluss auf ihre Traktoren gehabt?

Unten: Einige Traktoren tragen ihre Beschilderung wie Medaillen.

Ex-Armeeartikeln in den späten 40ern verebbte, entstanden Lamborghinis Traktoren zunehmend aus einheimischen Komponenten, obwohl schon MWM- und Perkins-Dieselmotoren verwendet wurden, bevor die Gesellschaft diese 1954 durch eine Reihe eigener luftgekühlter Antriebe ersetzte. Der Lamborghini L33 war ein typischer Traktor dieser Zeit.

Aber es war kein Konzern, der Massenproduktion lieferte, da Lamborghini-Maschinen immer spezialisierter und teurer als die kleinen Fiats waren – es wurden nur ungefähr 1500 von ihnen pro Jahr gebaut. In den 60ern bot eine große Bestellung aus Bolivien die Möglichkeit zur Expansion, aber sie blieb ungenutzt. Völlig entmutigt verkaufte Signor Lamborghini seine Anteile an SAME. Unter den neuen Besitzverhältnissen blühten die Lamborghini-Traktoren au f und boten ein komplett neues Sortiment an Zwei-, Drei-, Vier- und Sechszylindermotoren mit Luftkühlung – 1980 wurden 10.000 Stück von ihnen verkauft.

Rechts: Landini, der italienische Lanz, obwohl er nichts mit dem berühmten Bulldog zu tun hatte. Als Super L, wie hier, bot der 12,2 Liter testa calda Halbdiesel bis zu 48 PS. Der Besitzer ist Guido Rondini.

Landini, Italien

Wie auch Lanz in Deutschland, erlangte Landini durch seine eigene Ausgabe eines Glühkopfmotors zu Ruhm, einer Einzylindermaschine, die eine überhitzte Stelle an dem Zylinderkopf zur Treibstoffzündung benutzte. Dieser war von den Landini-Brüdern entworfen worden und in keiner Weise mit dem von Lanz vergleichbar, auch wenn er dessen Vorzüge der Einfachheit und des niedrigen Preises teilte. Der Glühkopfmotor mochte ein wenig primitiv sein, aber er konnte dafür mit fast allen flüssigen Treibstoffen laufen.

Giovanni Landini war 1884 in das Geschäft eingestiegen, nachdem er als Lehrling bei einem Schmied gearbeitet hatte. Unzufrieden mit der einfachen Arbeit eines Schmiedes baute er Landmaschinen, ging 1911 zu Dampfmaschinen und weitere sechs Jahre darauf zu transportablen Verbrennungsmotoren über.

Landini starb 1924, aber seine Söhne machten weiter und ihre erste große Tat war es, den ersten Landini-Traktor herauszubringen, der im Jahr nach dem Tode ihres Vaters enthüllt wurde. Dieser testa calda (Glühkopf) war, wie andere seiner Art, schwierig zu starten, lief unrund und vibrierte stark. Aber er war billig in der Herstellung und sehr verlässlich und so fand der Landini-Taktor einen beständigen Zustrom an Kunden. Er wurde zum führenden italienischen Traktor in dieser Bauweise. Mitte der 30er-Jahre entwickelte der Super L in

Rechts: Die Zeiten ändern sich und Landini schaffte den Sprung zu Mehrzylinder-Maschinen im letzten Augenblick. Dies ist ein Landinetta DT mit 25 PS von 1958, mit einer 2,7 Liter Maschine und einem Vierradantrieb von Selene.

40 PS »normale« Leistung bei 620 U/min oder »maximum« bei 48 PS. Er erhielt diese eindrucksvolle Leistungsfähigkeit durch einen mächtigen 12,2 Liter Zylinder. Er war der größte in Landinis Sortiment, und 1934 baute die Gesellschaft 900 testa caldas.

Nach dem Zweiten Weltkrieg kehrte Landini sofort in das zivile Traktorengeschäft zurück und sah auch keinen Grund dafür, seinen treuen testa calda zu verändern, dafür aber sich selbst bald gegen eine neue Art von Mehrzylinder-Traktoren ankämpfen. Ein Landini mochte zuverlässig sein, aber ein kleiner Ferguson oder ein großer Lamborghini bot eine kultiviertere Leistungsabgabe und war einfacher in der Handhabung.

Aber gerade als es danach aussah, als müsste Landini den Traktorenmarkt ganz und gar aufgeben, kreuzte Dr. Flavio Fadda mit einem Rettungsanker auf. Er handelte mit Perkins ein Abkommen aus, bei dem Landini unter Lizenz die modernen Mehrzylinder des britischen Herstellers produzieren sollte, um eine neue Traktorenreihe anzuschieben. So konnte Landini sich zwar über Wasser halten, doch die eigentliche Rettung erfolgte erst ein paar Jahre später mit der Übernahme durch Massey Ferguson. Es stellte sich als sehr positiv für Landini heraus, dessen Fachkenntnisse in Bezug auf Raupenschlepper und Traktoren für den Weinanbau bei dem wachsenden multinationalen Konzern willkommen waren.

Auch behinderte es Landini nicht, jetzt Teil einer größeren Gruppe zu sein und so begann man in den

Oben: In den 70er-Jahren war Landini als italienischer Ableger der großen Massey Ferguson Gesellschaft gut im Geschäft. Dies ist ein DT 5000N MkIII.

Links: Ein wesentlich späterer Landini 9880 von 1996 in der charakteristischen blauen Farbgebung der Firma.

Oben: Landini lieferte auch seine kleinen Traktoren weiter, die lange das Rückgrat des Unternehmens gewesen waren. Dies ist ein Advantage 65F von 1977.

70er-Jahren mit dem Bau von Sechszylinder-Traktoren, von denen die erste 100 PS-Maschine 1977 herauskam. Es folgten regelmäßige Neuentwicklungen, die 1982 und 1985 neue Plantagen- und Weinanbau-Maschinen hervorbrachten und das reguläre mittlere Sortiment der Vierrad-Traktoren 1988 zur 60er, 70er und 80er Serie werden ließ. 1992 zeigte der neue Blizzard 95 seine Abstammung, indem er immer noch einen unter Lizenz gebauten Perkins-Diesel, den 4,3 Liter Vierzylinder mit 80 PS, benutzte. An der Spitze der Angebotspalette stand der Sechszylinder Legend mit 115–145 PS und Vierradantrieb.

Um das Jahr 2001 herum erhielt Landini einen neuen Besitzer, der noch im selben Jahr auf dem Traktorengebiet expandierte, indem er die frühere Case IH-Anlage in Doncaster kaufte. Inzwischen ist der in der Mittelklasse angesiedelte DT100 ein gutes Beispiel dessen, was Landini zur Zeit, immer noch mit Perkins-Antrieb (einem 4,0 Liter Turbo-Diesel) und einem Dreißiggang-Getriebe, anbietet. Es gab alles in allem doch noch ein Leben nach testa calda.

Rechts: Der Legend 130 war einer von Landinis leistungsstärkeren Motoren, dieser hier war mit seinem 6,0 Liter Sechszylinder-Reihenmotor von Perkins mit 110, 123 oder 183 PS erhältlich.

Lanz, Deutschland

Marshall, Landini, SFV und HSCS waren ausnahmslos Fabrikanten von großen Einzylinder-Diesel- oder Halbdiesel-Traktoren, die alle auf derselben einfachen Grundkonstruktion basierten, denn jeder von ihnen bezog seine Inspiration von ein und demselben Hersteller: Lanz. Heinrich Lanz in Mannheim war eine äußerst produktive Maschinenfabrik, die schon um 1900 mehr als 10.000 Dampfmaschinen und fast 20.000 Dreschmaschinen verschiedener Größen gebaut hatte. So war es wohl nur eine Frage der Zeit, wann der erste Lanz-Traktor erscheinen würde.

Mehrzylinder-Ackerfräsen wurden schon ab 1911 angeboten, aber es dauerte weiter zehn Jahre, bis der großartige Lanz Bulldog erschien – ein Traktor, der unter Lizenz in Österreich, Spanien, Polen und Australien gebaut wurde. Landini und die anderen Hersteller bauten ihre eigene Variation des Themas, aber Lanz war bei weitem der zahlenmäßig Überlegene, und als die Produktion schließlich 1956 endete, waren über 200.000 Exemplare hergestellt worden.

Der Lanz mit seinem Glühkopf-Halbdieselmotor war schwer, ein wenig unbeholfen und nicht leicht zu starten, aber dafür war er sehr verlässlich und billig. Und er war derartig einfach, dass kaum etwas schief gehen konnte. Sein Antritt war zwar ein wenig schwerfälliger als der leichterer Maschinen, aber der Lanz war schließlich auch für stationäre Arbeiten gebaut worden, um Dresch- oder andere Maschinen anzutreiben. Ob-

Oben: In mehr als 30 Jahren wurden über 20.000 Bulldogs gebaut – hier ein Modell D9506 von 1951, das es mit seinem 10,3 Liter Einzylindermotor auf gewaltige 45 PS brachte.

Links: Ein wesentlich später gebauter Lanz, ein D6016 mit 60 PS auf dem »Historisch Festival« in den Niederlanden.

Oben: Die größeren Bulldogs wurden niemals in großer Anzahl produziert und sogar in seinem Spitzenjahr 1939 wurde der HR9 nur 528 Mal gebaut.

Rechts: Bulldogs konnten mit vollständiger Straßenausrüstung geliefert werden und wurden zum Teil auch nur für Transporte genutzt. Dieser HR9 hat einen 10,3 Liter Einzylinder-Halbdiesel. Er gehört Pierre Bouille.

wohl als Halbdiesel bezeichnet (in der Hitze verursachte nicht die Kompression die Verbrennung), konnte der Lanz-Motor mit fast allen flüssigen Brennstoffen betrieben werden. Schon bald waren verschiedene Modelle von 6,2 bis zu 14,1 Liter Hubraum erhältlich, auch wenn sie alle auf der gleichen horizontalen Einzylinderkonstruktion beruhten.

Ab 1923 gab es auch die Möglichkeit eines Vierrad-Antriebes, ab 1929 eine effizientere Wasserkühlung und der Bulldog hatte dann auch endlich einen elektrischen Anlasser, zweifelsohne zur Erleichterung aller Traktorfahrer Europas. Doch gegen Mitte der 50er-Jahre wurde der treue Bulldog durch die neuen Vierzylinder-Traktoren mit Dieselmotor weit in den Schatten gestellt und bald nach der Übernahme durch Deere & Company, Moline, im Frühjahr 1956 aus der Produktion genommen. Nachdem sich die Mannheimer Fabrik auf den Bau grün und gelber Mehrzylinder für John Deeres Europamodellreihe zu konzentrieren begann, verschwand auch bald der Name Lanz.

Pierre Bouillé
FRANCE

Lanz Iberica, Spanien

Nur ein paar Jahre bevor die Firma Heinrich Lanz durch John Deere übernommen wurde, eröffnete sie noch 1953 ein Zweitwerk in Spanien. Das erste Produkt von Lanz Iberica, SA in Madrid war der schon so gut wie veraltete Bulldog in seiner größten 34 PS Erscheinungsform, aber er hatte immerhin als modernen Beitrag eine Dreipunkt-Geräteaufhängung. Die Produktion dieses überalterten Lanz-Modells wurde sofort nach der Übernahme durch John Deere eingestellt. Das spanische Werk begann sehr ähnliche Fahrzeuge, wie die von John Deere in seiner anderen europäischen Basisstation in Mannheim hergestellten, zu bauen.

Rechts: Während Ebro in Lizenz Fordsons baute, wurden Lanz Bulldogs in Spanien unter Lizenz in Getafe hergestellt. Dieses ist ein D-3012 von 1956 mit 28 PS. Spanische Bulldogs waren in Blau lackiert und hatten dazu orange Räder.

Unten: Der Latil H14TL10 Navette mit Zweiwege-Steuerung, mit der man den Pflug direkt oder mittels eines Zugkabels bedienen konnte.

Unten rechts: Der TL10 hatte einen 45–50 PS starken 5,6 Liter Diesel-Motor mit Achtgang-getriebe, Vierrad-Steuerung und Vierrad-Antrieb.

Latil, Frankreich

Die Traktoren von Latil wurden nicht hauptsächlich für landwirtschaftliche Arbeiten gebaut. Sie sahen auch nicht aus wie andere konventionelle Traktoren, denn mit ihrer Motorhaube und den vier gleichen, eher kleinen Rädern ähnelten sie mehr einem Lkw denn einem Traktor. Aber sie waren vielseitig genug, um sie genauso zur Feld- oder Forstarbeit wie auch für den Straßentransport einsetzen zu können.

Georges Latils erstes Produkt kam 1889 heraus und war ein transportabler Motor, der vor die Deichsel eines Pferdewagens gespannt werden konnte. Später ging er immer mehr zu vollständigen Fahrzeugen über, und 1914 hatte er einen Traktor mit Vierradantrieb und einer zusätzlichen Besonderheit in Form einer Vierrad-Lenkung im Angebot. Tatsächlich legte dieses 1914 gebaute Originalmodell den Grundstein für alle folgenden Latils, von denen einige in Lizenz in Belgien und England hergestellt wurden.

Mitte der 30er-Jahre entwickelte sich aus dem originalen Latil der JTL mit einem 3,0 Liter Benzinmotor und Sechsganggetriebe. Er konnte sogar einen Fünfscharpflug ziehen und war mit wesentlich größeren Gebrauchstraktoren vergleichbar. Die Produktion wurde nach dem Zweiten Weltkrieg wiederaufgenommen und in den 50er-Jahren hatte Latil den H14 TL, auch als Navette bekannt, im Sortiment, der jetzt zwar einen Dieselmotor hatte, aber immer noch mit Vierradantrieb und Vierrad-Lenkung ausgestattet war. Aber all das reichte für Latil nicht aus, um unabhängig überleben zu können und so wurde er bald von dem Lkw-Hersteller Saviem übernommen, der sich dann auf forstwirtschaftliche Maschinen konzentrierte.

Oben: Die Kombination aus Allradantrieb und dem möglichen Einsatz von Stollenrädern erlaubte es dem JTL, einen Pflug mit fünf Scharen zu ziehen.

Links: Es mag vielleicht wie ein Lkw-Chassis aussehen, aber der JTL von 1930 vollbrachte auch beachtliche Leistungen auf dem Feld.

Le Percheron, Frankreich

Der deutsche Bulldog von Lanz war am ehesten das, was man zwischen 1930 und 1950 einen europäischen Standard-Traktor hätte nennen können. Unterschiedlichste Ausführungen, Lizenz-Nachbauten oder auch ganz einfach Kopien von ihm, wurden in Frankreich, Großbritannien, Italien, Polen, Ungarn, Spanien und sogar in Australien gebaut. Dies war auch nicht auf einen Hersteller pro Nation beschränkt. So gab es in Frankreich neben der SFV/Vierzon-Interpretation des Glühkopf-Bulldog auch noch den Le Percheron.

Der Name stammt von einer Rasse schwerer Zugpferde (äußerst angemessen für den langsam auf Touren kommenden Glühkopfmotor mit seine unglaublichen Zugkraft), und der Le Percheron-Taktor wurde von der Société Nationale de Construction Aeronautique de Centre gebaut. Allerdings in geringerem Umfang als der bekannte SFV, von dem es ein vollständiges Sortiment an mit Glühkopf-Motoren betriebenen Lanz Doppelgängern gab. So wurden von Mitte der 40er-Jahre bis 1956/57, als die Produktion endete, nur etwa 3700 Le Percherons hergestellt.

Wie der Lanz, so benötigte auch der Einzylinder-Glühkopfmotor des Le Percheron eine besondere Starttechnik, die den Gebrauch des abnehmbaren Lenkrades als eine Art Anlasserkurbel verlangte. Der 25/27 PS starke Motor des Le Percheron hatte einen Hubraum von 4,8 Liter und war somit kleiner als der größte SFV/Vierzon.

Oben: Der Le Percheron zeigt deutlich seinen Zylinderkopf, den er an der Vorderseite des Chassis emporreckt. Für eine gewisse Zeit war dieser Motortyp des Glühkopf-Halbdiesels bei europäischen Herstellern überaus beliebt.

Rechts: Dieser 25–27 PS Le Percheron ist kleiner als der andere französische Glühkopf-Traktor, der SFV / Vierzon. Er hatte sich schließlich überlebt, als kleinere Vierzylinder-Diesel auf den Markt für kleine Traktoren kamen.

Oben: Der MAN »Ackerdiesel« zeigte viele Neuerungen seines Herstellers, inklusive eines Vierzylinder-Motors mit Direkteinspritzung und Allradantrieb.

MAN, Deutschland

Für die Maschinenfabrik Augsburg-Nürnberg (MAN), waren Traktoren nie mehr als ein Nebenprodukt des Lkw-Baus. Obwohl im Ganzen gute 40.000 MAN-Traktoren gebaut wurden, so war dies über eine Zeitspanne von fast 40 Jahren letztlich keine besonders große Anzahl. Aber MAN hatte eine erhebliche Bedeutung für die Geschichte der Traktoren im Allgemeinen, denn MAN war ein Pionier auf dem Gebiet der Dieseltechnologie: Der erste Direkteinspritz-Diesel, der erste Turbo-Diesel und der erste V8-Diesel. Sie alle waren Innovationen von MAN, und auch wenn sie das Unternehmen nicht für seine eigenen Traktoren nutzte, so taten dies doch andere Hersteller. MAN hatte ungewöhnlicher Weise auch schon in den 30er-Jahren die Möglichkeit eines Vierradantriebes im Angebot.

Das Engagement der Firma für die Dieseltechnik konnte natürlich erst beginnen, nachdem sie in Zusammenarbeit mit Dr. Rudolf Diesel selbst den ersten funktionstüchtigen Dieselmotor der Welt entwickelt hatte, der ab 1897 lief. Doch es dauerte noch 15 Jahre, bis diese Technik in einen Traktor eingebaut wurde, denn die ersten Dieselmotoren wurden für die Marine und in Lokomotiven verwendet. In der Zwischenzeit begann MAN damit, ab 1915 Lastkraftwagen herzustellen (zu Beginn waren es in Lizenz gebaute Saurer), doch schon im folgenden Jahr begann man mit einem Motorpflug zu experimentieren.

Entworfen von Professor R. Bernstein, handelte es sich dabei um ein Gerät, hinter dem man hergehen musste und dessen Motor oben auf dem Getriebekasten saß. Die Weiterentwicklung wurde durch den Ersten Weltkrieg unterbrochen, aber der Pflug ging 1921 schließlich in Produktion, ausgestattet mit einem Vierzylinder-Benzinmotor mit 20 PS und 700 U/min. Seine Leistung wurde später auf 30 PS erhöht, und der MAN-Motorpflug bekam sogar die DLG-Gedenkmünze in Silber verliehen.

Doch für jeden innovativen MAN-Ingenieur war es offensichtlich, dass die Zuverlässigkeit und (besonders) die Ökonomie des Diesels ausgezeichnet zum Einsatz in der Landwirtschaft passten, gerade nachdem die Firma 1923 den ersten Diesel der Welt mit Direkteinsprit-

Oben: Sammler lieben die großen Vierzylinder von MAN, aber es gibt auch Anhänger der kleineren Zweizylinder-Traktoren, wie dieser 2K1 von 1957.

Gegenüber: In seiner Geschichte hatte MAN Vierzylinder-Diesel wie diesen ebenso im Angebot wie Zweier, Dreier, Sechser und V8er. Sie waren Pioniere auf dem Gebiet der Verbrennungskammer und des Abgasturboladers.

zung vorgestellt hatte. Den Treibstoff direkt in den Verbrennungsraum zu spritzen, anstatt zuerst in eine Vorkammer, machte die Maschine effizienter als die bereits existierenden Antriebe. So war es möglich, kleinere, leichtere Motoren zu entwickeln, die auch für Kraftfahrzeuge geeignet waren. Dieser Vierzylinder-Direkteinspritzer mit 40 PS und 900 U/min, stellte sich als erfolgreich in MAN-Lastwagen heraus und wurde auch für den Motorpflug ausprobiert. Er bewährte sich bei der Feldarbeit, verkaufte sich aber mit 300 Stück im ganzen Jahre 1924 nur mäßig.

Mit wachsender Nachfrage nach ihre Lastwagen, einem Sechszylinder-Diesel, der 1927 herauskam, entschloss sich MAN den Traktorenmarkt zu verlassen. Doch elf Jahre später waren sie wieder zurück und die neue Vierzylinder-Maschine zeigte schon viele Eigenschaften des späteren MAN-Traktors. Sie war ziemlich groß und leistungsstark für eine europäische Maschine mit 50 PS bei 1500 U/min und hatte, zu dieser Zeit sehr ungewöhnlich, auch die Möglichkeit für einen Vierradantrieb.

Der AS250 – der erste MAN der neuen Generation – war zweifelsfrei fortschrittlich, aber der Zweiten Weltkrieg griff ein und zwang die Gesellschaft dazu, sich auf Lastwagen und Kriegsgerät zu konzentrieren, doch auch hier gab es eine Verbindung zu Traktoren: MAN übernahm das Werk des französischen Traktorenherstellers Latil, wo der AS250 gebaut wurde. Im Ganzen waren das zwischen 1938 und 1944 1000 Stück. 1945 lief bei MAN zwar sofort wieder die Herstellung von Lastwagen an, aber der erste Nachkriegs-Traktor kam erst vier Jahre später heraus. Anders als der große AS250 brachte dieser nur die Hälfte der Leistung, war aber ansonsten mit seinem Vierzylinder-Direkteinspritz-Motor aus dem gleichen Guss und dazu war der AS325 auch mit Vierradantrieb erhältlich, von dem man herausgefunden hatte, dass er die Zugkraft um 20 Prozent steigerte.

Inzwischen arbeitete MAN stark an der Weiterentwicklung der Dieseltechnik und 1951 gab es Fortschritte bei der Verbrennung, inklusive des ersten Diesel-Turboladers und dem ersten V8. Wie schon gesagt, keine der beiden letztgenannten Neuerungen kam jemals einem MAN-Traktor zugute, aber die V8 Entwicklung wurde zum Standard bei Hochleistungs-Super-Traktoren, während der Turbo mittlerweile allgemein üblich ist.

Die eigene Traktorenentwicklung der MAN in den 50er-Jahren war weit weniger spektakulär: 1955 kam der kleine Zweizylinder B18 heraus. Wieder einmal mit

einem eigenen Direkteinspritz-Diesel von MAN, hier jetzt in einer Zweizylinder 1,3 Liter Ausgabe, der es bei 18 PS auf 1800 U/min brachte. Der B18 hatte ein Siebenganggetriebe, das eine Geschwindigkeit von bis zu 19 km/h erlaubte und dabei moderate 1.540 kg wog. Im charakteristischen blassen Grün der MAN gespritzt, war er mit seinen weichen Linien ein attraktiver Traktor seiner Zeit. Größere Versionen des MAN-Zweizylinders folgten bald mit einer 25 PS-Maschine mit 1,7 Litern und einem mit 30 PS-Motor mit 2,0 Litern.

Es gab auch Dreizylinder von MAN, aber die Reihe wurde von den Vierzylindern mit 3,5 Litern übertroffen, die mit einem Zehnganggetriebe und 32 PS, 40 PS oder (wie der 4S1 Allrad) mit 50 PS fuhren. Der größte der MAN-Traktoren wog über drei Tonnen und die großen Vorderräder (8.00-20) spiegelten die Tatsache wieder, dass die meisten MAN-Traktoren einen Allradantrieb besaßen. Die Größe der Hinterräder betrug 13.00-30.

Aber trotz der ausgedehnten Sortimentspalette und eines Ausflugs in die Aggregatkonstruktion blieben Traktoren für die MAN doch immer ein Nebengeschäft. Sie verkaufte das Traktorengeschäft 1958 an Porsche-Traktoren und vier Jahre später beendete Mannesmann, selbst wiederum der neue Eigner der Porsche-Traktorenproduktion, die Produktion dieses großen Pioniers auf dem Gebiet der Dieselmotoren. Doch das Vermächtnis von MAN – Dieselkraft, Direkteinspritzung, Turbo- und Allradantrieb – wird in den europäischen Traktoren für immer Bestand haben.

Unten: Dieser 2R2 von 1958 hat eine Frontachse mit Blattfederung und Kotflügel für besseren Komfort auf der Straße.

MAP, Frankreich

MAP formte die Basis für Someca-Traktoren, doch vor ihrer Übernahme durch Simca, baute sie eine ungewöhnliche Maschine mit einem aufgeladenen Zweizylinder-Zweitakt-Diesel mit vier gegenläufigen Kolben. Ein paar Traktoren besaßen einen Gegenkolben-Zweitakt-Diesel wie diesen, aber der MAP war unter ihnen der einzige mit Kompressor. Den größten Erfolg hatte die Konstruktion als Antrieb für Flugzeuge von Junkers während der Zweiten Weltkieges. Der MAP-Motor – eigentlich sogar zwei von ihnen – wurde in einen Delahaye Rennwagen eingebaut, der dann mit bis zu 193 km/h diverse Geschwindigkeitsrekorde für Dieselfahrzeuge erzielte. Und was Traktoren angeht, so baute MAP bis 1955 ungefähr 15.000 Exemplare, nachdem seine Someca-Maschinen ein wenig konventioneller geworden waren.

Oben: Wie viele Hersteller verwendete MAP Zweitakt-Dieselmotoren eigener Konstruktion für seine Traktoren.

Links: Ein Marshall der Serie 1 von 1946. Er sieht zwar modern aus, aber ist nur eine neu verpackte überarbeitete Fassung des Vorkriegs-Marshall.

Marshall and Fowler, Großbritannien

Gab es jemals so etwas wie einen europäischen Standard-Traktor? Eine Konstruktion kam diesem zumindest sehr nahe. Sie bestand aus einem großen, horizontal angebrachten Einzylinder-Dieselmotor. Normalerweise mit 1000 U/min oder weniger versehen, konnte man das unverwechselbare »chug-chug« dieses Auspuffs auf Höfen in ganz Europa vernehmen. In Deutschland war es ein Lanz, in Frankreich ein SFV/Vierzon, in Italien ein Landini und in Ungarn ein HSCS. Und natür-

Links: Das Firmenschild eines Marshall 12/20 von 1937, einer kleineren Version des klassischen Einzylinder-Halbdiesel-Marshall.

Oben: Marshall baute seinen ersten Traktor mit Verbrennungsmotor 1908, zwei Jahre bevor dieser Class F erschien – auch für zwei weitere Dekaden entwickelte man keinen Einzylinder-Diesel.

lich hatte Großbritannien auch einen – den Marshall.

Marshall war ein Hersteller von Dampfmotoren, der 1908 seinen ersten Traktor mit Benzinmotor herstellte, aber die große Einzylindermaschine für die er so berühmt wurde kam erst 1929 heraus. Das war der 15/30, ein Zweitakt-Diesel der, obwohl er von Lanz inspiriert war, der mit Kompressionszündung lief – der Lanz hingegen war ein »Halbdiesel«, denn er nutzte für die Zündung einen heißen Punkt auf dem Zylinderkopf. Anders als beim Lanz, bei dem man den Zylinder durch eine Lötlampe erhitzte, wurde der Marshall durch einen brennenden Docht entzündet und dann von Hand angekurbelt. Einige Zeit danach wurde eine Zündpatrone benutzt und noch später der elektrische Anlasser.

Mit seiner enormen Zugkraft bei nur geringer Motorenleistung war der Marshall-Einzylinder ideal bei der Feldarbeit einzusetzen und die Gesellschaft fügte in den 30er-Jahren noch kleinere 12/20 Ausgaben hinzu.

Es gab natürlich auch Raupenschlepper-Ausführungen, als sich herausstellte, dass die Konstruktion ideal für diese Zwecke war. Sie wurden aber nicht von Marshall selbst gebaut, sondern von John Fowler & C. bei Hunslet in Leeds umgesetzt. Neben der Zugabe von Eisenketten und einem Stahlhebel anstelle eines Steuerrades war der Fowler VF Raupenschlepper dem Marshall Traktor auf vier Rädern jedoch sehr ähnlich.

Als der Zweite Weltkrieg endete, brachte Marshall wieder seine treue Maschine in kaum überholter, nur im Unterbau leicht veränderter Form heraus.

Die Serie I genannte Reihe wurde 1947 durch die Serie II mit besseren Bremsen, besserer Kühlung und verbesserten Lagern ersetzt.

Das Getriebe wurde für die folgende Serie III überarbeitet und verstärkt, aber keine dieser Modernisierungen konnte das grundlegende Problem beseitigen, das darin bestand, dass der veraltete Einzylinder von Marshall weder in der Laufruhe noch mit der Zähigkeit und Leistungsstärke der Vierzylinder konkurrieren konnte. Die Serie IIIa von 1952 mit weiteren Verbesserungen trugen diesen Mängeln ebenfalls keine Rechnung und es wurde klar ersichtlich, dass die Tage des Einzylinders von Marshall gezählt waren. Das Unternehmen versuchte auch, sein Sortiment mit dem 70 PS starken MP6, ausgerüstet mit einer Sechszylinder Dieselmaschine von Leyland, zu erweitern, aber das stellte sich als zu teuer heraus und stieß nur auf wenig Resonanz. Fowler baute ebenfalls eine neue Schmalspur-Zugmaschine mit einer Marshall-Maschine, aber der Straßenschlepper bot keinerlei Fahrkomfort, da er keine Gummiräder hatte, um das Schütteln der Einzylindermaschine abzufedern. 1957 beugte sich Marshall dem Unvermeidlichen und beendete die Produktion seiner Vierrad-Traktoren zugunsten seiner Raupenschlepper. Der Name wurde später wieder ins Leben gerufen, nachdem die Firma in den 80er-Jahren Leyland-Traktors kaufte.

Links: Marshall versuchte mit dem Sechszylinder MP6 von Leyland seinen eingefahrenen Pfad der Einzylinder-Motoren zu verlassen, aber es wurden nur sehr wenige Exemplare verkauft.

Unten: Die letzte Wiedergeburt des großen Einzylinder-Marshalls erlebte er in der Serie IIIA, die Verbesserungen bei Schmierung, Kühlung und Getriebe versprach.

Massey Harris, Frankreich

Jahrzehnte bevor das multinationale Konzept für Traktorenhersteller zur Norm wurde, war Massey Harris bereits dabei, seine Rot gestrichenen Maschinen in Fabriken in den USA, Kanada, Großbritannien und Frankreich bauen zu lassen. Man kann auch Italien mit in diese Liste aufnehmen, wenn man die Übernahme von Landini durch Massey Harris von 1960 mitrechnet. Abgesehen davon, dass sich die MH-Basis in Kanada befand, wurde dort nur der kleine Pony und eine begrenzte Anzahl sehr weniger anderer Modelle tatsächlich gebaut. Vor der Fusion mit Ferguson waren die USA und Großbritannien die Hauptzentren der Produktion. Der große 744 wurde erst in Manchester und später in Kilmarnock zusammengebaut – Frankreich und Italien kamen später nur bei erhöhtem Bedarf hinzu.

Vor der Fusion stellte Massey Harris nur ein einziges Traktorenmodell her – den »Pony«. Massey Harris führte den Pony 1947 in der Absicht ein, sich mit anderen kleinen Traktoren in der Klasse von 8/10 PS in einen Wettbewerb zu begeben. Das war für Massey Harris ein Schritt ins Ungewisse, weil man sich bis dahin nur auf schwergewichtige Vier- und Sechszylindermaschinen konzentriert hatten, um damit auf dem nordamerikanischen Markt herauszukommen. Trotzdem, der Erfolg des Allis-Chalmers B, dann des neuen Ford 9N und Harry Fergusons eigenem TO20 überzeugte MH davon, auch selbst einen kleinen Traktor haben zu müssen. Der Pony war der kleinste Traktor, den das Unternehmen jemals hergestellt hatte und er bekam bald den etwas größeren »Pacer« mit 16/18 PS zur Seite gestellt.

Der Erfolg des Pony war in Amerika nicht besonders überragend, doch für Traktoren dieser Größe gab es in Europa einen wesentlich größeren Markt, dabei ganz besonders in Frankreich, wo viele Kleinbauern und Besitzer von Weinbergen gute Verwendung für einen Traktor so handlicher Größe hatten. Zuerst war der in Frankreich produzierte Pony so gut wie identisch mit den kanadischen und das Modell 811 hatte denselben 1.015 ccm großen Vierzylindermotor von Continental wie sein kanadischer Cousin.

Aber dann wurde aus dem 811 eines Tages der 812 und ein 1.221 ccm Motor von Simca ersetzte den Continental. Dieser war bedeutend leistungsstärker und hatte 16 PS bei 1600 U/min. Später erhielt der 812 einen 1.290 ccm-Motor von Peugeot mit 18 PS bei 2.000 U/min. Der in Frankreich gebaute Pony

Der kleine graue Fergie wurde auch in Frankreich bei Hotchkiss gebaut, hier ein Lizenzmodell des TEF20. Die Gesellschaft baute um die 7000 Fergusons.

unterschied sich auch noch dadurch vom Original, dass er keine seitlichen Abdeckungen, aber ein Chassis aus Vollstahl hatte und der 812 etwas länger und größer als der 811 war. Um es in offiziellen Zahlen auszudrücken: Er wog mit 1030 kg ganze 50 kg weniger.

Bedenkt man, dass dieser Pony in Frankreich gebaut wurde, so gab es vom 812 natürlich eine Ausführung für Weinberge mit einer Spurweite, die sich vorne bis auf 846 mm und hinten bis auf 782 mm verengen ließ, um zwischen die meist sehr eng gepflanzten Weinstöcke zu passen. Interessanter Weise wurden einige der Weinberg-Versionen auch dafür genutzt, um mit Eisenbahnwaggons zu rangieren – ihre schmale Spurweite passte nämlich auf die Gleise. Mitte der 50er-Jahre konnte kein europäischer Traktor mehr ohne einen Dieselmotor auskommen und Massey Harris reagierte darauf mit einem Dieselaggregat von Hanomag für den 820, einen vorsichtig modernisierten Pony, der den 812 ersetzt hatte. Der Hanomag war ein Zweitakt-Zweizylinder mit 1.021 ccm und 18/29 PS. Während der nun beginnenden Ära von Massey Ferguson wurde der 820 durch eine minimal ausfallende Modernisierung zum 821. Eine unabhängige Zapfwelle und eine Differenzialsperre waren auf der Liste der Optionen, und ein hydraulischer Lift regulierte nun die Geschwindigkeit, mit der Arbeitsgeräte abgesenkt wurden. Inzwischen war aber das Grundmodell des Pony eine veraltete Maschine und so dauerte es nicht mehr lange, bis ihr Platz von einer neuen Generation Massey Fergusons eingenommen wurde.

Oben: Anders als die kanadischen Originale, hatten die französischen Ponies Vierzylinder-Benzinmotoren von Simca oder Peugeot, oder, wie dieser hier, einen 20 PS Hanomag 821 Massey Ferguson-Diesel.

Links: Während Massey Fergusons Banner Lane Fabrik in Coventry fleißig 135er baute, hatte die französische Ableger diesen kleinen 130 im Angebot.

Mercedes-Benz, Deutschland

Benz baute, bevor er sich mit Daimler zu Mercedes-Benz zusammenschloss, 1922 einen der ersten Halbdiesel-Traktoren. Der Zweizylinder S7 mit 30 PS hatte drei Räder mit zweit Auslegern um ihm Stabilität zu verleihen, wurde jedoch schnell durch den BK auf vier Rädern abgelöst. Dessen Produktion ging unter der frisch fusionierten Firma bis in die 30er-Jahre hinein weiter. Die Depression und der Krieg griffen ein und es dauerte schließlich bis 1950, dass der berühmte dreizackige Stern an der Stirnseite eines Traktors glänzte, obwohl natürlich einige bemängeln würde, dass der großartige Unimog doch eigentlich gar kein Traktor gewesen sei. Halb Lkw und halb Traktor wäre eine bessere Beschreibung für diese mit Allradantrieb versehene Maschine, die auf der Straße 50 km/h erreichen, aber genauso gut ein Feld umpflügen konnte. Innerhalb seiner vierzigjährigen Produktionszeit wurde der Unimog zu so etwas wie einer Institution.

Mercedes zeigte in der Tat wenig Interesse daran, konventionelle Traktoren zu bauen, und 1973 unterstrich auch der MB-Trac wieder einmal die Absicht, sich lieber in innovativen Marktnischen aufzuhalten. Der MB-Trac war ein früher System-Traktor mit Dreipunkt-Geräteaufhängung an beiden Enden und erlaubte so die Nutzung zweier Arbeitsgeräte, um zwei Arbeiten gleichzeitig ausführen zu können. 1980, als Mercedes den Entwurf an Schlüter verkaufte, waren schon 10.000 Stück produziert worden.

Oben: Der MB-Trac (wie dieser 700) leistete Pionierarbeit auf dem Feld der System-Traktoren mit einer Dreipunkt-Geräteaufhängung an jedem Ende, um verschiedenste Arbeiten auszuführen.

Rechts: Traktor oder Lkw? Der langlebige Mercedes Unimog wurde zu einer Ikone unter den Arbeitsfahrzeugen.

Muir-Hill, Großbritannien

In den frühen 20er-Jahren von den Herren Muir und Hill gegründet, zu deren ersten Produkten auch Lokomotiven mit Fordson-Antrieb gehörten, waren doch Muir-Hills eigentliches Hauptgeschäft hydraulische Frontlader und später Kipplaster. Ab Mitte der 60er-Jahre wurden auch Traktoren mit in das Sortiment aufgenommen, aber erst 1966 konnte Muir-Hill mit der Einführung des vielseitigen 101 einen Traktor anbieten, der sowohl zum landwirtschaftlichen als auch zum industriellen Gebrauch geeignet war. Der noch größere 161 (mit Perkins-V8-Antrieb) erschien drei Jahre später und nach verschiedensten Veränderungen der Besitzverhältnissen besteht der Name Muir-Hill nun auch im 21. Jahrhundert fort.

Oben: Der 101 war der erste Schritt der gut etablierten Muir Hill auf den landwirtschaftlichen Markt, nachdem sie lange Zeit die Bauindustrie mit Maschinen beliefert hatte.

Links: Der 101 hatte bereits in den späten 60ern einen Vierrad-Antrieb, noch bevor alle anderen wichtigen Hersteller dies ebenso hatten und verhalf Muir Hill so zu einem schnellen Erfolg.

Normag, Deutschland

Die Wurzeln der Normag-Traktoren bildete die Firma Schmidt, Kranz & Co., die ihren Stammsitz im thüringischen Nordhausen hatte. Ab 1922 in neuem Besitz, suchte SK nach neuen Produkten, und so gründete man 1937 die Nordhäuser Maschinenbau GmbH, die im Jahr darauf einen neuen Traktor unter dem Namen Normag präsentierte, den NG 22, der mit einem 22 PS starken Zweizylinder-Viertakt-Dieselmotor von MWM ausgerüstet war. Die Normag war einer der Myriaden von deutschen Herstellern kleiner Traktoren, die Einzylinder- und Zweizylinderschlepper für Kleinbauern produzierte. Ungeachtet der Konkurrenz blühte die Normag aber in den späten 30er-Jahren auf, bis die Produktion während des Krieges eingestellt wurde. Nach dem Kriege wird die Geschichte der Normag komplizierter, denn das Werk in Nordhausen fand sich in der Sowjetzone wieder und produzierte zunächst noch Traktoren, ab 1965 als »VEB IFA Motorenwerke Nordhausen« nur noch Motoren. Dagegen lebte die Marke Normag in der ehemaligen britischen Besatzungszone weiter, denn der letzte Eigentümer verließ Nordhausen und begann 1946 die Produktion von Normag-Traktoren und Ersatzteilen in Zorge/Harz, wobei die Traktorenproduktion in den späten 40er-Jahren nach Hattingen an der Ruhr verlagert wurde. Dort entwickelte man eine eigenständige Modellreihe. Wie auch für die Traktoren selbst, wurde die Vorkriegsphilosophie weitergeführt. Die 1954 erschienenen Modelle Kornett I und II mit Typenbezeichnung NG 12 bzw. 16 waren mit einem Einzylinder-Zweitakt-Dieselmotor mit 1,3 Litern und einer Leistung von 12/16 PS ein typische Vertreter hierfür. Zu dieser Zeit hatte die Gesellschaft auch noch größere Modelle wie den NG 45 mit 45 PS im Angebot. Doch das Ende der Normag-Traktoren kam 1958, nachdem sie von Mannesmann geschluckt wurden, die auch noch Porsche und MAN übernahmen.

Rechts: Kein bekannter Name, doch Normag-Traktoren wurden von 1938 bis in die 50er-Jahre gebaut, bevor sie schließlich von Mannesmann übernommen wurden.

Unten: Spätere Traktoren von Normag reichten vom kleinen Einzylinder Kornett I bis zum 45 PS starken NG 45 mit einem Motor von Henschel.

Nuffield / Leyland, Großbritannien

Mit dem Nuffield–Traktor wurde ein Traum der britischen Regierung wahr. Durch die 30er-Jahre und den Zweiten Weltkrieg hindurch wurde die Traktorenproduktion in Großbritannien durch die in Dagenham gebauten Fordsons dominiert. Doch eine sofortige Folge des Krieges war es, dass Großbritannien dringend Devisen benötigte und deshalb Waren exportieren musste. Und nicht nur das, nach den sechs Jahre währenden Auseinandersetzungen war sowohl die Traktorflotte als auch die gesamte Infrastruktur des Landes erschöpft.

Die Antwort auf all das lag auf der Hand: Man musste britische Hersteller dazu ermutigen, ihre eigenen Traktoren zu entwerfen und herzustellen, um sie dann in der Heimat oder auf den Festland zu verkaufen. William Morris, dem der riesige Nuffield-Konzern bei Cowley nahe Oxford gehörte, reagierte darauf quasi über Nacht, und schon 1946 war der Prototyp des Nuffield-Traktors fertig gestellt. Doch wegen der Stahlknappheit der Nachkriegszeit musste noch zwei Jahre mit der Produktion gewartet werden.

Der Nuffield entsprach den Anforderungen seiner Zeit und war eine einfache, unkomplizierte Maschine, die von einem Vierzylinder-Motor von Morris mit Seitenventilen angetrieben wurde und mit TVO *(= tractor*

Oben: Dieser Universal lief mit »Tractor vaporising oil« (TVO) – es war leistungsschwächer als Benzin oder Diesel, aber der billigste Treibstoff von allen.

Links: Dieser 10/42 mit Dreizylinder-Diesel-Antrieb ist ein später Nuffield, aber Britanniens erste Traktoren waren aus der Notwendigkeit geboren, nach dem Zweiten Weltkrieg Waren zu exportieren und dadurch Devisen ins Land zu holen.

Links: Der originale Nuffield Universal war als M4 mit Vierrad-Antrieb oder als M3 Dreirad-Version. Dies ist ein etwas späterer DM4 von 1951 mit einem Pflug von Ransomes.

Rechts: Leyland hatte ein komplettes Sortiment an Maschinen mit Zwei- oder Vierrad-Antrieb. Dies ist ein mittlerer 334 mit Zweirad-Antrieb.

vaporising oil) lief. Er war als Dreiradtraktor M3 und in der normalen Vierradausführung M4 erhältlich, er kostete weniger als 500 britische Pfund und die neuen Traktoren rollten bald in ihrer orangen Lackierung von den Fließbändern in Birmingham. Obwohl einfach und billig, so war der Nuffield doch keinesfalls veraltet und hatte eine Dreipunkt-Geräteaufhängung ebenso auf der Zubehörliste wie eine unabhängige Zapfwelle. Dazu war ab 1950 auch noch ein 38 PS Perkins-Dieselmotor möglich, was die Tatsache widerspiegelte, dass britische Bauern jetzt Diesel allen anderen Treibstoffen vorzogen; 1955 hatten 95 Prozent der in Großbritannien verkauften Nuffield-Traktoren einen Dieselantrieb. Doch vom ökonomischen Standpunkt des Landes aus war es noch besser, dass 80 Prozent der Produktion exportiert wurden und damit die dringend benötigten Devisen ins Land brachten.

Durch die 50er- bis in die 60er-Jahre hinein verkauften sich Nuffield-Traktoren gut, auch wenn sie ihr Markenzeichen diverse Male veränderten, da die Muttergesellschaft einige Veränderungen durchlief. Für einige Zeit firmierten sie als BMC-Traktoren und nach der Fusion mit dem Hersteller der Lastwagen 1968 dann als Leylands. Zusätzlich bekamen sie auch noch ein neues Zuhause, als die Produktion 1962 nach Bathgate in Schottland verlegt wurde. Mitte der 60er-Jahre wurden drei neuen BMC-Traktoren angeboten: Ein Miniatur-Traktor mit Mini-Motor und die mehr konventionellen 10/42 und 10/60. Es gab auch eine veränderte Version des 10/62 von Bray mit Vierradantrieb.

Zu dieser Zeit war Schweden einer der besten Märkte für BMC-Traktoren und die Importeure selbst kreierten einige eigene Varianten, um sich den lokalen Gegebenheiten besser anzupassen. Der 10/59, 10/65 und der 10/70 von 1967 boten alle zusätzliche Motorleistung und ein modernisiertes Aussehen. Eine weitere bemerkenswerte Spielart und extra für die schwedische Holzindustrie entworfen war der BMC 245, eine Maschine mit Allradantrieb, der zu beiden Seiten auf 10/42 Gleitkufen lagerte.

Trotz dieser erst von BMC und später von Leyland unternommenen Bemühungen, gingen die Verkaufszahlen auf dem schwedischen Traktorenmarkt ebenso wie auch auf anderen Märkten zurück. In den frühen 70er-Jahren brachte Leyland dennoch eine ganz neue Traktoren-Reihe, vom 55 PS 255 bis zum 100 PS 4100, in ihrer neuen, jetzt blauen Lackierung heraus. Diese beiden Modelle gab es mit Zwei- und Vierradantrieb, letztere mit einer County-Vorderachse. Alle wurden von Leylands eigenen Dieselmotoren angetrieben. Aber die Traktorsparte litt natürlich unter den zahlreichen Krisen des Mutterkonzerns und so wurde die gesamte Traktoren-Abteilung später an Marshall verkauft.

Rechts: Im einheitlichen Blau waren die Leylandes der 60er- und 70er-Jahre die Nachfahren der originalen Nuffields. Dies ist ein 272 mit serienmäßiger Kabine.

Pasquali, Italien

Pasquali war ein weiteres Beispiel für die kompakten, hochspezialisierten Traktoren, wie sie von italienischen und spanischen Bauern bei der Arbeit in Obstplantagen oder im Weinberg eingesetzt wurden. Diese Maschinen waren allerdings sehr verschieden von den Traktoren, die in Frankreich und Deutschland im Weinanbau genutzt wurden, die nur unveränderte Adaptionen der üblichen Gebrauchs-Traktoren waren, zwar mit enger Spurweite aber ansonsten mit den gleichen mechanischen Möglichkeiten ausgerüstet.

Im Gegensatz dazu waren die kompakten Weinberg-Traktoren immer zweckorientiert gebaut worden und oft, wenn auch nicht immer, von schmalen Zweitakt-Maschinen angetrieben, die in ein langgezogenes Chassis einbaut wurden, um unter herabhängenden Ästen durchkriechen zu können, ohne deren Früchte zu beschädigen. Ein kurzer Radstand half dabei, den Traktor zu manövrieren. Einige Fahrzeuge waren so konstruiert, dass sie dem Traktor eine Drehung um die eigene Achse ermöglichten.

Die 1962 herausgebrachten Modelle von Pasquali waren typisch für ihre Gattung, da sich der Hersteller auf diesen Maschinenart spezialisiert hatte, auch wenn er nie eigene Antriebe baute. Der 990 und der 986 waren klassische gelenkige und kompakte Maschinen mit Vierradantrieb mit Zweizylinder-Dieselmotoren des italienischen Konzerns Ruggerini oder von Deutz aus Deutschland. Es konnte mehr als ein Arbeitsgerät angebracht werden und Pasquali bot auch ein 14 PS Frontlader-Modell an. Heutzutage stellt die Gesellschaft nun Riko Alpine-Traktoren von 28–83 PS her.

Unten: Pasquali war auf kleine Traktoren mit Vierrad-Antrieb für Wein- und Gartenbau spezialisiert. Hier ein dafür typischer 990 mit einem Einzylinder-Dieselmotor von Ruggerini.

Unten: Raupenschlepper von Platypus hatten passende Namen, ganz besonders deutlich beim »Bogmaster« (»Morastmeister«) mit extra breiten Ketten. Die meisten hatten einen P4 Diesel von Perkins, auch wenn der 5,5 Liter Sechszylinder R6 eine spätere Option war

Platypus, Großbritannien

Raupenschlepper von Platypus wurden in erster Linie für Bauarbeiten hergestellt, aber der Gesellschaft die sie produzierte, die in Basildon ansässige Rotary Hoes Ltd., gefiel es, ihre Anpassungsfähigkeit auch im landwirtschaftlichen Bereich unter Beweis zu stellen. »Wesentlich geringere Kosten als bei vergleichbaren Traktoren«, versprach die Broschüre des PD4 mit Perkins-Dieselmotor und die Maschinen von Platypus wurden im Werbematerial oft bei der Feldarbeit gezeigt. Platypus Raupenschlepper wurden zwischen 1950 und 1957 gebaut, nur der größere PD4 und der 50 wurden noch in späteren Jahren hergestellt. Der kleinere 28 und der 30 kamen mit verschiedenen Variationen der Spurbreiten heraus, mit bis zu 1.372 mm)zwischen der 610 mm Spurbreite für den Gebrauch auf weichem Boden.

Porsche Allgaier, Deutschland

Viele träumen davon, einmal sagen zu können: »Ich besitzt eine Porsche.« Wenn auch einige dieser Träumer bei dem Satz vielleicht an den bescheidenen Traktor von 1950 denken mögen. Denn der Porsche-Traktor wurde wirklich produziert und tatsächlich von demselben Mann entworfen, der auch hinter den legendären Sportwagen stand. Zugegebener Maßen gab es auch Traktoren von Ferrari und Lamborghini, aber die Ferraris besaßen keine Verbindung zu den knallroten Sportwagen gleichen Namens.

Der fast geniale Geist des Dr. Ferdinand Porsche reichte viel weiter als bis zu den Sportwagen, die seinen Namen tragen, um gar nicht erst den Käfer von Volkswagen zu nennen, den er auch entworfen hat. Er entwickelte große allradgetriebene Geschütz-Traktoren für die Austro-Daimler Gesellschaft während des Ersten

Weltkrieges und genauso den Prototyp eines kleinen Traktors für die Landwirtschaft.

Doch die Idee eines »Volksschleppers« blieb nur an der Oberfläche, während er für Hitlers Naziregime den KdF-Wagen entwickelte. Es ist nicht viel über diesen Volkswagen für das Feld bekannt, nur, dass er von einem hinten aufgesetzten Einzylinder-Motor angetrieben wurde und seine Ladefläche vorne hatte. Es wurden bis zum Kriegsausbruch nur einige wenige hergestellt.

Nach dem Krieg entwickelte Dr. Porsches Sohn Ferry einen neuen Volksschlepper, auch wenn dieser jetzt wesentlich konventioneller als der erste war und im Aussehen sehr anderen kleinen deutschen Traktoren, wie denen von Deutz und Fendt, ähnelte. Mit einem Zweizylinder-Diesel ausgestattet war er ein sinnvolles Produkt, um es im frühen Nachkriegsdeutschland anzubieten. Doch nur, bis das aufblühende Sportwagen-

Links: Frühe Traktoren von Allgaier-Porsche hatten nur Ein- oder Zweizylinder-Motoren. Dies ist ein Standard Zweier, der im Besitz von Peter Bradley ist.

Unten: Dieser Dreizylinder war nahezu der Gipfel des Porsche-Traktorenbaus, dem Ein- und Zweizylinder-Modelle vorausgegangen waren.

Oben: In den letzten Jahren der Marke hatte Porsche auch Vierzylinder, wie diesen Master von 1962, im Angebot.

Rechts: Vier Zylinder machten den Master zu einer technisch anspruchsvolleren Maschine als die ersten Ein- und Zweizylinder.

geschäft von Porsche immer mehr Aufmerksamkeit verlangte.

Die gesamte Traktorenabteilung wurde an die Firma Allgaier verkauft. Obwohl deren eigentliches Geschäft die Werkzeugherstellung war, hatte Allgaier schon vor 1946 einige äußerst einfache Traktoren gebaut und machte nun da weiter, wo Porsche aufgehört hatte. Außerdem konnte er den respektablen Namen seines Erfinders (wenn auch nur in sehr kleinen Lettern) auf der Kühlerhaube führen. Allgaier produzierte rund 25.000 Porsche-Traktoren und erweiterte die Baureihe, um auch Drei- und Vierzylinder-Maschinen bis zu 50 PS dabei zu haben. 1957 entschloss man sich, die Lizenz an die Mannesmann-Gruppe zu verkaufen, die damit weitermachten, Nachfahren des originalen Porsche-Traktors herzustellen, bis die Lizenz dann 1964 von Renault übernommen wurde.

Ransomes, Großbritannien

Der Ramsons-Traktor war ein Raupenschlepper im Miniaturformat und Ergebnis einer gemeinsamen Anstrengung von Ford, Roadless Traction (die Schmal- und Vollspur-Varianten von Fordson-Traktoren bauten), sowie Randsomes selbst. Letzterer war Hersteller von Dampfmotoren, doch der MG2, war 1936 der erste auf seine Verwendung hin gebaute Traktor. Mit einem luftgekühlten Stormey Archer-Motor versehen, folgten dem kleinen MG leistungsstärkere Raupenschlepper nach. Als die Produktion 1966 eingestellt wurde, waren 15.000 Stück von ihnen gebaut worden.

Oben: Der MG6 von 1959 war ein typischer Mini-Raupenschlepper, der von Ransomes für den Gemüse- und Gartenbau produziert wurde. Sie wurden auch in die Niederlande exportiert, wo ihr geringes Gewicht es ermöglichte, sie bei wasserumschlossenen Feldern mit Kanalbooten überzusetzen.

Links: Mit dem PE von 1927 rückte Renault von seinem frühen Design ab und erinnerte nun im Aussehen etwas an Militärpanzer.

Renault, Frankreich

Renault ist wohl einer der langlebigsten Traktoren-Hersteller der Welt. Als Pionier des Automobilbaus (seit 1898 Automobile), begann das Unternehmen 1908 mit Traktoren zu experimentieren, die erste produzierte Maschine erschien jedoch erst ein Jahrzehnt später. Die in Orange lackierten Traktoren der Firma werden bis heute, in das 21. Jahrhundert hinein immer noch gebaut, womit sie sich das Etikett »langlebig« wohl verdient hat.

Der erste Traktor war der GP, der auf Renaults Erfahrungen aus dem Ersten Weltkrieg beruhte, in dem die Firma Panzer hergestellt hatte. Folglich war er ein Raupenschlepper, gemessen an dem europäischen Standard seiner Zeit eher groß zu nennen und mit einem Vierzylinder-Benzinmotor mit 30 PS versehen. Im Jahr 1920, nur zwei Jahre nachdem der GP herausgekommen war, wurde dieser modernisiert und zum H1, der seinerseits von einem Modell auf vier Rädern, dem HO, begleitet

Links: Der PE hatte tatsächlichen einen 14 PS starken Vierzylinder-Motor, der aus Renaults eigenem Automobilbau stammte. Kleiner und leichter als seine Vorgänger war er für viele französische Bauern ideal.

Rechts: Dieser Renault YL aus den 30er-Jahren besitzt einen konventionellen Vierzylinder-Motor, wie er zwischen 1933 und 1938 erhältlich war.

wurde. Beide hatten die unverwechselbare rechteckige Motorhaube, eines der Markenzeichen von Renault, auch wenn diese immer noch etwas an einen Panzer erinnerte.

Der Traktor PE von 1927 kam einem konventionellen Traktor schon wesentlich näher und prahlte mit dem Raffinement einer federnden Anhängekupplung. Im Unterschied zu anderen europäischen Traktorherstellern beschritt Renault nicht den Weg der Einzylinder-Halbdiesel, sondern war schnell bei der Produktion des ersten vollwertigen Dieselmotors, dessen Prototyp 1931 entstand. Zwei Jahre später erschien der YV als der erste französische Dieseltraktor, der in Produktion ging, mit Renaults eigener 4,3 Liter Vierzylinder-Maschine. Gummireifen und eine Trockenkupplung waren weitere fortschrittliche Zutaten, die es Renault erlaubten, einer der großen Drei auf dem französischen Traktorenmarkt zu werden.

Der erstarkende Nationalismus des Jahre 1945 war für Renault ein neuerlicher Ansporn, sich wieder für eine Weile auf Traktoren zu konzentrieren. Wie der britischen, so hatte der Krieg auch der französische Landwirtschaft einen schweren Schlag versetzt und die heruntergekommene Traktorflotte in Grund und Boden gewirtschaftet. Daher bekamen Traktoren Priorität. Renault baute zwischen 1947 und 1948 ganze 7.500 Stück, was eine relativ geringe Anzahl gemessen an der massenproduzierten Menge an Fordsons, Fergusons oder der Traktorenindustrie der USA war. Die Nachfrage bestand weiter und Renault verlegte seine Produktion von Billancourt in ein größeres Werk in Le Mans, während der 3040 inzwischen einen unabhängigen Zapfwellenantrieb mit zwei Geschwindigkeiten, einen hydraulischen Lift mit Positionskontrolle und verstell-

Gegenüber: Der YL stellte auch die Basis für den YV, Renaults (und Frankreichs) ersten Diesel-Traktor dar. Damit schaffte es Renault, sich an die dritte Stelle des heimatlichen Traktorenmarktes zu katapultieren.

RENAULT

barer Spurweite hatte. Es war einer der ersten Traktoren, der ein vollständig elektrisches System besaß. Die neue D-Serie von 1956 stellt mit Synchrongetriebe und Differenzialsperre einen weiteren Fortschritt dar.
Der D war ungewöhnlich in der Wahlmöglichkeit zwischen Luft- und Wasserkühlung, dafür war er aber erst 1965 mit Erscheinen des Super D mit einer Dreipunkt-Anhängerkupplung erhältlich, eine überraschende Unterlassung für einen sonst in jeglicher Weise auf den Punkt produzierte Traktor.

Es mag ein wenig spät mit der Dreipunkt-Geräteaufhängung gewesen sein, aber andererseits versuchte Renault auch eher einer der innovativeren europäischen Hersteller zu werden. 1960 erschien dann auch der Allradantrieb und ein Drehmomentwandler und, überflüssig es zu erwähnen, dem Lärm- und Vibrationspegel in den Kabinen wurde ebenso größere Aufmerksamkeit gezollt, wie einer effektiveren Heizung. 1970 wurde eine vollständig neue Reihe angekündigt, die Maschinen von 30 PS bis zu 115 PS umfassen sollte und die Wahlmöglichkeit zwischen einem Zwei- oder Vierradantrieb sowie eines ersten Wechsel-Getriebes mit Wendeschaltung, das einen schnellen Richtungswechsel erlaubte, was besonders nützlich beim Rangieren auf dem Acker war.

Aber es war das Kabinendesign und die Wahlmöglichkeiten, die Renault in den 80ern auszeichneten. 1981 war die neue Kabine des TX mit Passagiersitz, Deckenluke und Arbeitslicht ausgestattet und bot eine exzellente Übersicht. Das Getriebe konnte unter Zuhilfenahme eines Wagenhebers in weniger als einer Stunde ausgebaut werden, während Motor und Hydraulik weiterlaufen konnten. Die preiswertere Version dieser Kabine auf dem TS besaß dieselben Möglichkeiten. Die RS Kabine war eine weitere Variation des TX-Themas; diese war tiefergelegt, um auch in beengten räumlichen Verhältnissen arbeiten zu können.

Sechs Jahre später wurde der TZ-Kabine bezüglich Lärm und Vibrationen mehr Aufmerksamkeit als jemals zuvor geschenkt und sie war vom Chassis durch Federn und Stoßdämpfern getrennt. Es gab auch noch ein Sondermodell namens Nectra mit elektronischen Hilfen und Lederverzierungen. So wie auch seine Rivalen, arbeitete Renault ab der späten 80er-Jahren angestrengt daran, weiter neue Elektronik für Traktoren zu entwickeln, und sein »Traktorradar«-System zeigte auf dem Monitor neben anderem auch die Fahrt über den Boden und die Raddrehzahl an, um das richtige Einjustieren der Schubkraft zu erleichtern und so ein Durchdrehen der Räder zu verhindern. Der 1993 herausgebrachte Ceres hatte eine relativ kleine Maschine (55–95 PS), aber trotzdem ein digitales Armaturenbrett, während die zur selben Zeit angekündigte 160/180 Serie ein 27-Gänge Multi-shift-Getriebe besaß. Zur Mitte der 90er-Jahre war dies Renaults Flaggschiff, 1999 wurde diese Rolle von dem 185 PS starken Ares übernommen, bis 2001 der Atles herauskam. Mit seinen 226 PS bis 250 PS war er nicht nur Renaults bis dahin leistungsstärkster Traktor, sondern auch eine Erinnerung daran, dass einer der ältesten Hersteller Europas gleichzeitig auch einer seiner beständigsten war. Doch 2003 wurde bekannt, dass Claas aus Deutschland 80 Prozent der Anteile von Renault erworben hat, was bewies, dass nicht einmal einer der langlebigsten Traktorenbauer unabhängig überleben konnte.

Unten: Im Jahr 1953 baute Renault moderne Traktoren, wie diesen 7012 mit Perkins-Dieselmotor.

RIP, Frankreich

RIP ist vielleicht ein etwas unglücklich gewählter Name in der Traktorenindustrie, wo gemeinschaftliche Unglücksfälle sozusagen üblich sind. Aber in diesem Falle stand RIP für die amerikanische Rock Island Plow Company, die unter der genannten Abkürzung in Frankreich in Lizenz baute. Die Rock Island Maschinen waren wiederum ein Weiterführung des Heider Traktors und alle drei fuhren mit Vierzylinder Motoren von Waukesha mit 20 PS und 7,0 Litern Hubraum. Die französische Verbindung begann 1919, doch RIP löste sich von seinen Rock Island-Wurzeln und baute seine eigenen Maschinen mit französischen CLM-Dieselmotoren. Das letzte RIP-Modell von 1939 besaß dann einen Mercedes-Benz-Motor.

Oben: »RIP« war keine französische Abkürzung, sondern eine amerikanische. Dieses in Frankreich hergestellte Fahrzeug basierte auf dem Heider des »Rock Island Plow Company«.

Oben links: Wie sein US-Vorbild, so hatte auch dieser frühe RIP einen Vierzylinder-Motor von Waukesha, spätere Fahrzeuge erhielten Diesel von CLM.

RIP baute später Traktoren mit Motoren von Mercedes-Benz.

Rushton, Großbritannien

Durch das Beispiel des äußerst erfolgreichen Fordsons inspiriert, entschied sich der Geschäftsmann George Rushton, davon eine englische Version zu bauen. Er war in einer etwas ungünstigen Position, da er keine Fabrik sein eigen nennen konnte, doch 1926 überredete er die London General Bus Company, einen für ihn zu bauen. Der im Juli 1928 angekündigte neue General-Traktor war dem wirklichen Fordson ausgesprochen ähnlich, wenn auch etwas schwerer und leistungsstärker. Letztlich aber waren die Verkaufszahlen enttäuschend und im Jahr 1932 endete die Produktion der inzwischen zum Rushton-Traktor umgetauften, auf Rädern oder Ketten erhältlichen Konstruktion.

SAME, Italien

Wären die Dinge etwas anders gelaufen, so könnten die Brüder Cassani als Pioniere der Traktorenentwicklung genauso berühmt sein wie Harry Ferguson oder Henry Ford. In den frühen 20er-Jahren enthüllten sie einen Traktor mit Dieselantrieb (keinen Halbdiesel, wie er bereits in Deutschland produziert wurde), einige Jahre bevor der Hanomag als der Welt erster produzierter Volldiesel vorgestellt wurde. Er war eine große Maschine, ein Zweizylinder mit 12,7 Litern, der es auf 40 PS bei nur 450 U/min brachte. Er war nicht eben wendig, aber es wurde gesagt, er sei 60 Prozent billiger im Verbrauch als vergleichbare Benziner. Doch die Cassanis hatten keine Lust, ihn selbst zu produzieren und das für sie ausführende Subunternehmen ging zu schnell Pleite.

Unten: George Rushtons Traum war ein britischer Traktor, damit der konkurrierende Fordson in Großbritannien keinen Erfolg haben sollte. Wenn auch dem Fordson sehr ähnlich, war sein Schlepper doch wesentlich teuerer.

Links: Nach einem langsamen Start wurde SAME doch ein hoch produktiver Traktorenhersteller, der 20.000 Fahrzeuge pro Jahr produzierte – 1977 waren es schon über 213.000 Stück.

Unten: Die italienische Marke SAME bevorzugte Namen aus dem Tierreich für ihre Traktoren, die Kraft und Stärke suggerieren sollten. So ist dies ein Tiger 100 – Buffalo, Tauro und Leopardo hießen weitere Modelle.

Vielleicht war es aber unvermeidlich, dass Francesco und Eugenio Cassani im Ingenieurswesen Karriere machen würden. Ihr Vater war Mechaniker und besonders der ältere der beiden, Francesco, zeigte ein spezielles Gespür für Motoren. Eines seiner Jugendprojekte war es, ein Auto mit einem alten Flugzeugmotor zusammenzubauen!

Durch den Fehlschlag seines Diesels keineswegs entmutigt, begann er einen kleinen Dreirad-Traktor mit 10 PS zu entwickeln, diesmal allerdings mit Benzinmotor. Wenig später gründete er SAME (Société Anonima Motori Endotermici), um jetzt selbst Traktoren herzustellen, doch der Zweite Weltkrieg griff ein und die noch nicht ganz flügge gewordene Firma produzierte zwischen 1942 und 1948 nur ganze 33 Maschinen.

Die Produktion lief erst mit der neuen Zweizylinder-Maschine mit 20 PS von 1950 wirklich an, der neben dem kleinen 10 PS Traktor mit verstellbarem Sitz verkauft wurde. Wie sein Landsmann Landini war auch SAME ein früher Anbieter von Traktoren mit Vierradantrieb, den er schon ab 1951 führte. Es wurde ebenso großer Wert auf die Produktionskosten gelegt, mit einer eigenen Familie von Ein-, Zwei-, Drei- oder Vierzylinder-Diesel mit Luftkühlung, die alle die verschiedensten Elemente teilten, eine Strategie die SAME mit guten Ergebnissen weiterverfolgte.

In den 60er-Jahren gab es noch weitere Innovationen, wie eine neue hydraulische Tiefenkontrolle und den SAMECAR, (nicht wirklich ein Lkw mit einem ähnlichen Konzept wie der Unimog). Wesentlich konventioneller war der 480 Ariete, auch wenn dieser 5,0 Liter

Oben: Der SAME Silver 90 von 1995, mit Allrad-Antrieb (lange Zeit eine Besonderheit von SAME) und einer Kabine, die der berühmte italienische Designer Giugiaro entwarf.

Diesel mit 80 PS doch etwas anders war als andere, denn er hatte einen Vierradantrieb und eine Luftkühlung, die SAME mit Recht bis in die 90er-Jahre hinein beibehielt. SAME war in der Tat italienischer Markführer bei Vierrad-Traktoren und schlug Fiat im Verkaufsverhältnis mit drei zu zwei.

Die Firma expandierte durch Zukauf; 1972 übernahm sie Lamborghini und 1995 Deutz-Fahr, immer treu der Devise, bei einer Familie von luftgekühlten Motoren im Baukastenprinzip zu bleiben. Die 1000er Serie von 1990 war genau das, jeder Traktor der Baureihe (außer den Mini-Maschinen) wurde so angetrieben, vom Dreizylinder Dorado mit 60 PS bis zum Sechszylinder-Turbo-Zwischenkühler Titan mit 189 PS.

Rechts: Ein Antares 130, der an die Spitze der schnellen Schlepper herankam, die SAME in den 90er-Jahren baute. In den frühen 80er-Jahren hatte die Gesellschaft 32 Modelle im Angebot, von 30 PS bis 150 PS.

Saunderson, Großbritannien

Für eine kurze Zeit war der Saunderson der Bestseller unter den britischen Traktoren, bis dann der Fordson daher kam und alles veränderte. H.P. Saunderson war ein wahrer Pionier des Traktorbaus, der schon ab 1890 Maschinen von Massey Harris nach England importierte und sein eigenes Modell ungefähr ab 1903 produzierte. Der Universal war sowohl Lastenträger als auch Traktor und konnte zwei Tonnen auf seiner rückwärtigen Ladefläche transportieren, während das Modell G mit 25 PS zwischen 1900 und 1910 der meistverkaufte Traktor Britanniens war. Doch durch die Revolution des Fordsons stellte sich Saunderson als zu klein für den Wettbewerb heraus – die Produktion endete in den späten 20er-Jahren.

Links: Oft wird es vergessen, doch der britische Hersteller Saunderson, war für eine Zeit der größte nicht-amerikanische Traktorproduzent der Welt.

Unten: Saundersons erster Traktor hatte zwei Räder. Schließlich bot er 1908 ein Fahrzeug mit vier Rädern und einem Vierzylinder-Paraffin-Motor an.

Rechts: Dieser wassergekühlte U20 gehört Marc Solvet in Meaux in Frankreich.

Unten: In Großbritannien war es der Saunderson, in Frankreich in Lizenz gebaut der Scemia, im Fall dieses U20 angetrieben von einem 15-25 PS-Motor von Schneider.

SCEMIA, Frankreich

SCEMIA – Société de Construction et d'Entrtien de Mareriel Industriel et Agricole – war nicht mehr oder weniger als ein in Frankreich unter Lizenz gebauter Universal von Saunderson. Die französische Gesellschaft mit Sitz in Montrueil war ein großer Maschinen- und Karosseriebauer, der mit der Montage von Saundersons begann, um den wachsenden französischen Markt zu beliefern. Im Laufe der Zeit wurde der Anteil der Franzosen zunehmend größer, bis der SCEMIA Universel U-20 schließlich vollkommen auf französischen Boden hergestellt wurde. Schneider lieferte die Maschine mit 9/14 PS zusätzlich mit einer Wasserpumpe versehen, die der Saunderson nicht hatte.

Schlüter, Deutschland

Schlüter war ein echtes Familienunternehmen, das drei Generationen durch den größten Teil des 20. Jahrhundert hindurch leiteten, bis ab den 80er-Jahren eine ganze Reihe anderer Besitzer kamen und gingen. Die Firma wurde schon 1899 gegründet, aber baute ihren ersten Traktor erst 1937. Er war im Stil der deutschen Gebrauchsmaschinen mit einem Einzylinder-Dieselmotor versehen und somit beides: einfach und erschwinglich.

Während des Zweiten Weltkrieges erlebte Deutschland eine sich ständig weiter zuspitzende Ölknappheit. Hitlers Kriegsmaschinerie hatte einen unstillbaren Appetit, und um Flugzeuge und Panzer weiter fliegen bzw. fahren lassen zu können, wurde es notwendig, andere Transportarten mit alternativen Brennstoffen zu versorgen. Traktoren, mit ihren als gering angesehenen Treibstoffbedürfnissen, waren hierfür ein bevorzugtes Ziel. Schlüter arbeitete mit vielen anderen Traktorenherstellern an der Verwendung von Mondgas, das aus brennender Holzkohle oder Koks entstand. Es war vielleicht weniger effizient als Benzin oder Diesel, aber besser als nichts und ein mit Mondgas betriebener Schlüter mit 25/28 PS konnte immerhin beeindruckende 15 Tonnen ziehen.

Nach dem Krieg wandte sich Schlüter wieder dem Traktorenbau zu, größtenteils auf Grundlage seiner Vorkriegsentwürfe mit ein oder zwei Zylindern. Sie liefen gut und gegen Ende der 50er-Jahre hatte die Gesellschaft um die 30.000 Maschinen verkauft.

Unten: Von den bescheidenen Anfängen mit dem Bau typischer kleiner deutscher Diesel-Traktoren wurde Schlüter zum Produzenten von Hochleistungs-Hightech-Maschinen.

Oben: Ein kompakter 5000V von Schlüter mit einer werksseitig montierten Kabine und einem ZF Allrad-Antriebs-System. Die Leistung bezog er von einem 94 PS Vierzylinder-Dieselmotor.

Doch wie jeder andere deutsche Hersteller, der auf den Verkauf solch einfacher und billiger Traktoren setzte, sah auch Schlüter, dass sich die Welt verändert hatte. Durch die verbesserten Einkommensverhältnisse der späten 50er-Jahre waren die Bauern nun in der Lage, größere, leistungsstärkere und schneller arbeitendere Maschinen zu erwerben. Dazu kam noch, dass sich die landwirtschaftlichen Betriebe vergrößerten, da viele kleinere Bauern ihre Höfe aufgaben, um in der Industrie zu arbeiten.

Schlüter war zu dieser Zeit ein führender Verfechter der Hochleistungs-Traktoren und hatte schon bald eine Vierzylinder-Dieselmaschine im Angebot, bevor das Unternehmen einen Sechs- und schließlich einen Achtzylinder mit 9,5 Litern entwickelte, der es unter Zuhilfenahme eines Turbos auf 180 PS brachte. Es gab auch noch einen seltenen Siebenzylinder, aber der größte Schlüter von allen kam 1978 heraus, ein wirklicher Super-Traktor von kolossalem Ausmaß, der von einem MAN V12 mit 500 PS angetrieben wurde. Die Sechser und Achter bis 200 PS wurden 1980 in einer neuen Baureihe mit einem Schlüter-eigenen Motor angeboten, zusammen mit Allradlenkung und hydraulisch kippbaren Kabinen.

Schlüter war technisch immer auf dem neuesten Stand, aber zu klein um die Rezession der 80er-Jahre ohne Blessuren zu überleben und wurde noch stärker durch den Krieg im ehemaligen Jugoslawien getroffen, der einen seiner besten Absatzmärkte zerstörte. Die Gesellschaft wurde 1995 von der Schlepperteile Egelseer GmbH übernommen, die 1996 den Eura Trac mit Vierradantrieb komplett unter dem Markenzeichen Schlüter herausbrachte.

Oben: Ein Schlüter Super 1250VL, der den 125 PS starken Sechszylinder-Dieselmotor der Firma hatte. Dieses Fahrzeug ist immer noch schwer bei der Arbeit, wie man an den Warnlichtern auf der Kabine sieht.

Links: Der Besitzer dieses SF503B von 1961 ist Meeus Marcel; es ist ein wassergekühlter Diesel mit 50 PS.

Rechts: Der SFV von 1943 stammt aus einer Zeit, in der sich die Gesellschaft schon über ein Jahrzehnt dem Konzept eines Einzylinder-Halbdiesels verpflichtet fühlte.

SFV/Vierzon, Frankreich

In Deutschland gab es den Lanz und in Italien den Landini. Britannien hatte seinen Marshall und in Ungarn spielte HSCS dieselbe Rolle. Sie alle basierten auf der Grundlage derselben üblichen Konstruktion eines massiven Einzylinder-Diesels oder Halb-Diesels, der horizontal in das Fahrgestell montiert wurde. Frankreich hatte ebenfalls seine eigene Version, den SFV oder Vierzon. Der Name war eine verständliche Abkürzung für Société Francaise de Materiel Agricole et Industriel de Vierzon.

Die Gesellschaft wurde von Celestin Gerard ins Leben gerufen, einem Zimmermann der einen Hang dazu hatte, bäuerliche Gerätschaften zu reparieren. Bevor er ganz die Profession wechselte, hatte er für seinen Vater schon selbst eine Dreschmaschine gebaut. Über die Jahre produzierte er das gesamte Angebot an landwirtschaftlichem Arbeitsgerät, Sichter und Drescher mit eingeschlossen und 1861 ging die Gesellschaft dann zu dampfbetriebenen Maschinen über.

Doch SFV war kein Traktor-Pionier und ihre erste Maschine kam erst 1931 heraus, als Renault schon für gut eineinhalb Jahrzehnte im Geschäft war. Durch den Lanz inspiriert, benutzte man den selben Zweitakt-Halbdiesel-Motor, in diesem Falle jedoch groß genug, um 50-55 PS hervorzubringen. Wie auch beim Lanz handelte es sich um eine Glühkopf-Maschine, bei der das Treibstoff-Luftgemisch durch eine überhitzte Stelle im Zylinderkopf entzündet wurde. Obwohl er sehr verlässlich war wenn er erst einmal lief, so war das Starten des SFV-Halbdiesels, genau wie bei seinen ähnlichen europäischen Cousins, eine wahre Kunst. Entweder man hielt eine Lötlampe solange an den Glühkopf, bis er 315 °C erreichte, dann startete die Maschine durch die kreisenden Bewegungen des Schwungrades, oder, wenn man eine Batterie besaß, injizierte man eine Zweitakter-Mischung aus Brennstoff und Öl (mittels eines Benzinhahns) in die Brennkammer, entzündete diese dann mit einem zündkerzenähnlichen Gerät und hoffte im Anschluss darauf, das der Motor weiterlief.

Vergleicht man im Gegensatz hierzu den in den 50er-Jahren relativ einfachen Start eines Vierzylinder Benzin- oder Diesel-Traktors mit einer Handkurbel (wenn man Glück hatte, war es eine elektrische), dann

Unten: Dieses ist ein früher SFV, auch wenn diesem Modell moderne Scheinwerfer montiert wurden. Wie die meisten SFV-Traktoren hatte er einen Halbdiesel-Motor.

ist es nicht weiter schwer zu verstehen, warum große Einzylinder wie der SFV zu dieser Zeit rapide an Zuspruch verloren. Ein Fordson Major oder ein Ferguson waren billiger zu kaufen als ein SFV, einfacher zu handhaben und wesentlich leichter in Gang zu bekommen.

Nach dem Krieg bot SFV ebenso einen kleinen Halb-Diesel, den 204 mit 25 PS an, wie den großen 551, doch keiner von beiden konnte die Nachteile aufgrund des ererbten Grundprinzips überwinden. Längst überfällig wechselte SFV in den 50er-Jahren nach der Übernahme durch Case zu Peugeot-Benzin- oder Mehrzylinder-Dieselmotoren von Normag über, doch es war bereits zu spät, um noch einen Unterschied zu machen; SFV stellte in den frühen 60er-Jahren den Handel ein.

Oben: Zwangsläufig sah der traditionelle SFV-Einzylinder-Motor neben Mehrzylindern von Ferguson oder Fordson veraltet aus. Ein zögerlicher Schritt in Richtung moderner Vierzylinder kam zu spät, um die Gesellschaft zu retten.

Oben links: Eine Klasse über dem kompakten 201 kam der 302, der ebenfalls auf der liegenden Einzylinder-Diesel-Konstruktion beruhte.

Links: Ein anderer Blick auf den 302; aber die Krönung des SFV-Sortiments war der gewaltige 551 mit einem massiven Zylinder mit den Maßen 225 mm x 260 mm.

SIFT, Frankreich

»Er ist Neu! Er ist hier! Der SIFT Diesel-Traktor!«, trompetete eine australische Werbung der 50er-Jahre. Und es ging weiter mit Versprechen wie »üppiger Antrieb ... noble Größe, leicht zu entfernender Treibstoff und Luftfilter...(und) das fünfgängige Getriebe ermöglicht viele verschiedene Möglichkeiten an Geschwindigkeiten.«

SIFT hatte schon lange vor dieser antipodischen Exportkampagne Traktoren hergestellt. Die »Société d'Installation de Force et de Traction« (wohlweislich zu SIFT verkürzt), begann bereits 1935 als Geschäftsunternehmen zweier ehemaliger Angestellter der Renault-Traktorenwerke damit, in dem in Boulogne sur Seine gegründeten Betrieb Traktoren zu bauen. Sie beanspruchten für sich, in Form einer ansehnlichen 6,2 Liter großen Vierzylinder-Maschine Frankreichs ersten massenproduzierten Traktor nach dem Zweiten Weltkrieg zu bauen. In Wahrheit war der Begriff »Massenproduktion« vielleicht ein wenig zu optimistisch gewählt, denn selbst in SIFT's arbeitsreichstem Jahr wurden nur ganze 100 von ihnen gebaut. Später stellte SIFT auch noch einen Zweizylinder-Diesel vor, doch abgesehen davon, dass man sich unter dem körperschaftlichen Flügel der Luftfahrtgesellschaft SNECMA befand, stellte es sich auch als unmöglich heraus, mit den tatsächlich in Massenproduktion hergestellten Traktoren von Ferguson und SOMECA zu konkurrieren. Die Produktion wurde Mitte der 60er-Jahre aufgegeben.

Unten: Ein SIFT-Diesel von 1957; dies war das größte Modell mit einer 6,2 Liter-Maschine. Die glücklichen Besitzer sind Charles Hignant und seine Frau Nathalie.

SOMECA, Frankreich

Citroën mag den Traktorenmarkt aufgegeben haben, während es mit SFV in den späten 50er-Jahren rapide bergab ging, aber das bedeutete nicht, dass Renault eine Monopolstellung in der französischen Traktorenindustrie inne hatte. Der Automobilhersteller Simca (= »Société Industrielle de Mecanique et de Carrosseriie Automobile«) besaß von den 50er- bis in die 60er-Jahre hinein sein eigenes Unternehmen zur Traktorenherstellung – SOMECA (= »La Société de Mecanique de la Seine«).

Simca war 1934 gegründet worden um in Frankreich Fiats unter Lizenz zu bauen und als der französische Traktorenmarkt nach dem Zweiten Weltkrieg boomte, gelang der Gesellschaft ein schneller Eintritt. So kaufte sie MAP, die sie bereits mit einzelnen Bauteilen belie-

Links: Der Motorraum des 272, ein kleiner Traktor, der nur wenig über zwei Tonnen wog. Es wurden mehr als 40.000 auf Fiatkonstruktionen basierende SOMECA-Traktoren gebaut.

Unten: Ein 40 PS starker SOMECA in einer typischen Strandszene in der Normandie. Viele dieser älteren Traktoren verbrachten ihre späteren Jahre mit dem Transport von Booten.

SOMECA-Traktoren erinnerten stark an das Design von Fiat. Dies ist ein historisches Modell auf dem historischen Festival in Panningen in den Niederlanden.

Unten: Zahllose SOMECA-Traktoren verbrachten einen ruhigen Lebensabend, indem sie Boote die französischen Strände hinauf und hinunter schleppten. Dieses bemerkenswerte Foto zeigt einen 315 bei der Arbeit.

ferte. MAP's ungewöhnlicher Gegenkolben-Zweitakt-Diesel war ziemlich erfolgreich gewesen, aber der Plan von Simca sah vor, das allgemeine Kaufinteresse durch eine komplette Reihe konventionellerer Maschinen noch zu erhöhen.

Und es war genau das, was ihnen durch den DA50 mit einem Vierzylinder-Dieselmotor mit 37 PS von OM auch gelang. OM war eine Tochtergesellschaft von Fiat, und in der Tat basierte der gesamte Traktor auf einer Fiat/OM-Konstruktion, was die starke Verbindung von Simca mit dem italienischen Riesen unterstrich. Ein größerer, der DA55, folgte bald darauf, später kam der 615/715 und zur Mitte der 60er-Jahre umfasste das SOMECA Angebot Motoren von 1,1 bis zu 4,1 Litern Hubraum. Und es war natürlich ein Erfolg, um 1960 schon über 40.000 Maschinen gebaut zu haben.

Selbst mit nur geringen Möglichkeiten im Maschinenbau ausgestattet, fand es SOMECA auf Dauer schwierig, die eigene Unabhängigkeit zu bewahren. Nicht ganz zu unrecht, denn Simca selbst wurde in den 60er-Jahren von Chrysler übernommen, während SOMECA an New Holland verkauft wurde.

Steyr, Österreich

Steyr war von Hause aus ein Hersteller von Schusswaffen, was sein rundes Logo mit »Gewehr-Visier« erklärt; Traktoren kamen erst viel später dazu. Das Unternehmen profitierte vom Fahrradboom des späten 19. Jahrhunderts, produzierte aber sein erstes motorisiertes Fahrzeug nicht vor 1920. Neben Autos schloss dies auch den Excelsior Motorpflug mit ein, der in Lizenz von der tschechoslowakischen Firma Laurin & Klement gebaut wurde.

Aber es sollte noch acht Jahre dauern, bevor schließlich der erste Traktor von Steyr erschien und selbst da wurde nur eine streng limitierte Anzahl produziert. Steyr begann erst nach 1947 mit der Massenproduktion von Traktoren. Während der fundamentalen Umwälzungen der Nachkriegszeit war es nahezu unmöglich, ein von Grund auf neues Modell herzustellen – selbst der Vorkriegs-Steyr hatte auf dem Fordson basiert. Statt dessen bot Steyr nun eine einfache, kleine Maschine mit ein oder zwei Zylindern an und somit war der 180a mit 30 PS typisch für sein Erscheinungsjahr 1955.

Links: Der Steyr 190 mit Zweirad-Antrieb aus dem Jahr 1960. Die Firma blieb Österreichs einziger Traktorenhersteller.

Unten: Steyr hatte eine lange Tradition im Ingenieurswesen, begann aber erst nach dem Zweiten Weltkrieg mit der Massenproduktion von Traktoren.

Rechts: Ein Steyr von 1954 mit Vierzylinder-Motor und Zweirad-Antrieb, hier bei einem Schleppertreffen im niederländischen Panningen.

Unten: Der große Bedarf an Traktoren in den 50er-Jahren, als dieser Steyr gebaut wurde, ermöglichte es dem österreichischen Hersteller, seine Unabhängigkeit über viele Jahre zu bewahren.

Was all diese Maschinen besonders auszeichnete war, dass sie tatsächlich sämtlich in Massenproduktion hergestellt wurden. Um 1965 hatte die Gesellschaft 160.000 Traktoren gebaut. Als sich der europäische Markt für Traktoren veränderte, wurden Steyrs Traktoren größer und ausgeklügelter und es wurden Vier- und Sechszylinder-Maschinen neben den kompakten Modellen verkauft. Der österreichischen Firma gelang es, die schweren 80er-Jahre unabhängig zu überstehen, wurde aber dann 1996 von Case IHC übernommen. Diese stellten Steyr unter den großen Schutzschirm von CNH Global und machten es so zu einem Bestandteil des größten Traktoren-Konzerns der Welt.

Stock, Deutschland

Das in Berlin ansässige Unternehmen Stock konnte für sich in Anspruch nehmen, der Erfinder des Motorpflugs zu sein, denn es hatte seinen ersten 1908 herausgebracht. Die Gesellschaft war Deutschlands führender Hersteller für Maschinen dieses Typs, die sie nach Russland, Kuba und Südafrika exportierten. Andere Gesellschaften wie MAN, Hanomag, RAGA und weitere folgten Stock in diesen Markt.

1936 brachte Stock ungeachtet der Nachwirkungen der großen Depression seinen ersten modernen Traktor, den »Stock-Diesel-Schlepper« heraus. Dieser F2M313 wurde von einem Zweizylinder-Diesel mit Wasserkühlung von Deutz angetrieben, der es auf 20 PS bei 1.500 U/min brachte. Das Getriebe – Hinterachse und Dreigangschaltung – waren eigene Produkte von Stock. Aber es wurden nur wenige dieser frühen Traktoren gebaut, obwohl dem Modell mit 22 PS etwas mehr Leistung als 1938 üblich mitgegeben worden war.

Nach dem Zweiten Weltkrieg befand sich Stock in der sowjetisch besetzten Zone und war nicht in der Lage, die Produktion wieder aufzunehmen.

Unten: Die Stock-Traktoren wurden in der Nähe von Berlin gebaut. Dies ist ein B20 von 1935 mit dem Zweizylinder-Deutz-Dieselmotor F2M212 mit 20 PS. Er gehört Marc Geerken.

Turner, Großbritannien

Der Yeoman von Turner war ein tapferer Versuch dieses großen Maschinenbau-Konzerns, mit seinem ungewöhnlichen V4-Diesel in den Traktormarkt einzudringen.

Der wegen seines V4-Dieselmotors ungewöhnliche »Yeoman of England« war ein Versuch von Turner Manufacturing, auf Großbritanniens enormen Bedarf an Traktoren in den späten 40er- bzw. frühen 50er-Jahren zu reagieren. Er war Turners erster Traktor, hatte auch den eigenen Dieselmotor der Gesellschaft und er sah vielversprechend aus, zumindest auf dem Papier. Ein Vierganggetriebe und ein elektrischer Anlasser gehörten zum Standard, der hydraulische Lift, PTO und eine Differenzialsperre waren Extras und dazu hatte der 3,2 Liter V4 (der größte aus Turners eigener Familie von Dieselmotoren) einen kraftvollen, unverwechselbaren Klang. Doch wohlklingende Töne können trügerisch sein und so ließ es der Yeoman an Stärke vermissen; zusätzlich hatte er Probleme mit der Zuverlässigkeit und selbst zum halben Preis war er noch 200 britische Pfund teurer als ein vergleichbarer Fordson. Turner beendete die Produktion 1955.

Ursus, Polen

Der polnische Hersteller Ursus wird im allgemeinen mit seinen Nachkriegstraktoren in Zusammenhang gebracht, die stark auf der übernommenen Technologie des ersten Lanz, dann des Zetor und schließlich des Massey Ferguson beruhten. Aber Zakladow Mechanicznych Ursus – so der vollständige Name – besaß eine lange Tradition im Maschinenbau, denn bereits 1922 baute das Unternehmen Traktoren.

Die in Warschau ansässige Firma wurde bereits 1893 gegründet, um Ausstattungen für das Gaststättengewerbe herzustellen, verbreiterte aber schnell ihr Angebot um Verbrennungsmotoren. Um 1913 waren diese das einzige Produkt und einige lieferten bis zu 450 PS. Selbstverständlich plante Ursus, einen eigenen Traktor zu bauen, als ein dafür passender Motor 1918 ins Laufen gebracht wurde, doch bis zur fertigen Maschine dauerte es noch weitere vier Jahre. Der neue Traktor war in keiner Weise als Massenprodukt zu bezeichnen, denn es wurden in den nächsten fünf Jahren nur 100 Einheiten komplett fertig gestellt. Später rettete die polnische Regierung Ursus vor dem Bankrott.

Der C-358 war eine Weiterentwicklung des Vierzylinders C-350. Beide Konstruktionen erinnerten stark an den Zetor aus der damaligen CSSR. Ursus suchte später im Westen nach neuen Geschäftspartnern.

Links: In den 70er-Jahren hatte die C-Serie von Ursus (hier ein Vierzylinder C-385) eine modernere Karosserie erhalten, obwohl sich darunter immer noch das einfache Grundmodell des Traktors verbarg.

URSUS

Während des Zweiten Weltkriegs produzierte der Hersteller neben vielen anderen Dingen auch 700 Traktoren für das Militär.

Nach dem Krieg begann Ursus damit, eine Kopie des allgegenwärtigen Lanz-Bulldog zu bauen, der Halbdiesel-Einzylinder-Maschine, die in vielen Ländern in Lizenz gebaut wurde, während Landini, Marshall und Vierzon alle ähnliche Maschinen nach ihren eigenen Entwürfen bauten. Die Version von Ursus hatte bis in die späten 50er-Jahre hinein Bestand, als die Polen dann zu Modellen, die auf Konstruktionen von Zetor basierten, überwechselten. Dies war nicht nur deshalb sinnvoll, weil der tschechische Hersteller technisch fortschrittlicher als Ursus war, sondern auch, weil die damalige CSSR wie Polen (als Teil des Ostblocks) Mitglied im RGW (Rat für gegenseitige Wirtschaftshilfe) war, was den Technologietransfer für Ursus erschwinglich machte.

Das erste dieser von Zetor beeinflussten Modelle war der Zweizylinder C325 mit einem 1,8 Liter-Diesel, der (laut offizieller Testergebnisse aus den USA) an der unabhängigen Zapfwelle 24,6 PS bei 2000 U/min. leistete. Der Vierzylinder C350 mit 43 PS folgte nach. Obwohl die Kooperation keine Einbahnstraße war und Ursus einige Bauteile an Zetor lieferte, profitierten die Polen doch erheblich mehr von dem tschechischen Beitrag – in den frühen 70er-Jahren kamen die Hälfte aller Bauteile eines Ursus von Zetor. Doch nicht viel später handelte Ursus ein Abkommen mit Massey Ferguson aus, um eine neue Reihe im vertrauten MF-Design herauszubringen, welche Maschinen von 38–72 PS umfasste. Trotz aller Kosten war es ein Erfolg, der Ursus das Überleben in einer Welt des ständig wachsenden Konkurrenzkampfes ermöglichte, während es seine billige Produktionsweise beibehalten konnte. Diese auf Massey basierenden polnischen Traktoren wurden sogar in die USA exportiert. Die größte Herausforderung für die Gesellschaft kam aber nach 1998, als sie privatisiert wurde – nun war es eine Frage von Sein oder Nichtsein.

Gegenüber: Der Ursus C-335 von 1968 gehörte einer der neuen Generation von polnischen Traktoren an, die sich von Zetor ableiteten. Ursus hatte vorher u. a. in Lizenz Lanz Bulldogs gebaut.

Unten: Man lasse sich nicht von dem »Lightforce Delux«-Aufkleber täuschen – dies ist ein Ursus 4514, der den Einfluss von Zetor auf den Hersteller dadurch verdeutlicht, dass er sogar eine Modellnummer von Zetor trägt.

Oben: Der Universal 600 von 1960 lehnte sich an das Fiat-Design an, was allerdings nicht ungewöhnlich war: Fiat-Traktoren wurden in Lizenz ebenso in der Türkei, Frankreich und Argentinien gebaut.

UTB / Universal, Rumänien

Uzina Tractorul Brasov (UTB) aus Rumänien machte westlichen Bauern ein Versprechen, das man oft von Herstellern von der östlichen Seite des Eisernen Vorhanges bekam, das da lautete: eine einfache Ausführung kombiniert mit einem sehr geringen Preis.

Die größten Anstrengungen, den rumänischen UTB im Westen zu verkaufen, unternahm die Long Manufacturing Company of North Carolina USA, die die Traktoren beinahe fertig importierte und ihnen durch Anstrich, Reifen oder Batterien amerikanischen Glanz verlieh. Die Unternehmung war über eine lange Zeit erfolgreich, denn UTB / Universals wurden von den 50er- bis in die 90er-Jahre verkauft.

UTB's waren eigentlich Traktoren unter der Lizenz von Fiat (auf Rädern oder Ketten), deren Maschinenteile in Rumänien gebaut wurden und der U350, U445 und der U550 von 1972 hatten alle auch UTBs eigenen Dieselmotor; der 550 war ein 3,1 Liter Vierzylinder mit 54 PS. Auch noch zehn Jahre später wurden den Amerikanern immer noch drei Universals mit UTB-Markenzeichen angeboten, der Dreizylinder 510, der 530 Dreizylinder-Turbo und der Vierzylinder 610. Long Manufacturing wurde 1985 für bankrott erklärt, war aber zwei Jahre später wieder mit einer neuen, auf UTB-Traktoren basierenden Baureihe zurück.

Links außen: Weit davon entfernt, in einem Europa des »Post-Eisernen-Vorhanges« umzukommen, überlebte Universal und ab 2001 wurden seine Traktoren unter Lizenz in der Türkei gebaut.

Links: »Universal« war ein englischsprachiger Name, der mit einem Auge auf den Export schielte. Der richtige Name des Herstellers lautete Uzina Tractorul Brasov (UTB).

Unten: Universal schaffte es bis in die 90er-Jahre, wie dieser neuzeitliche 533DT zeigt, auch wenn die Gesellschaft weiterhin auf eingekaufte Technologie setzte.

Oben: Ein Valmet 33D von 1957 – die erste Weiterentwicklung der Reihe jenseits des originalen 20 PS-Traktors. Später wurde er durch den 359D ersetzt.

Rechts: Der Dreizylinder-Direkteinspritz-Antrieb des 33D war Valmets eigener, 2,7 Liter großer Motor mit 37 PS bei 2.000 U/min.

Valmet / Valtra, Finnland

Valmet begann überaus bescheiden mit einer begrenzten Anzahl von Traktoren für den kleinen finnischen Markt und wuchs bis heute überaus erfolgreich zu Skandinaviens bedeutendster Marke heran, ja, überlebte sogar Volvo. Der Valmet-Traktor wurde nach dem Zweiten Weltkrieg geboren, als sich der Rüstungsproduzent nach einem passenden Produkt für Friedenszeiten umsah. Doch er beeilte sich nicht, ein Traktorenhersteller zu werden – der erste komplette Prototyp war erst 1949 fertig und es dauerte weitere drei Jahre, bis dieser endlich in Produktion ging.

Der Valmet 15 war eine einfache kleine Maschine, die mehr auf Wirtschaftlichkeit und Zuverlässigkeit als auf technische Raffinessen setzte. Er war wirklich ökonomisch, denn er benötigte nur drei Liter Kerosin in der Stunde für seinen Vierzylinder-Motor mit 1,5 Litern, gerade kräftig genug, um einen einzelnen Pflug zu ziehen. Eine interessante Möglichkeit, (wobei man seine skandinavischen Wurzeln bedenken muss), war eine Eissäge, die durch die Zapfwelle angetrieben wurde, um so Eisblöcke aus gefrorenen Seen herausschneiden zu können!

Nützlich und wirtschaftlich wie er war, wirkte der erste Traktor von Valmet doch ein wenig leistungsschwach, als er neben den größeren Fordsons und Fergusons auf den finnischen Markt kam, so bekam er ab 1955 die 22 PS-Version zur Seite, die sogar mit einem hydraulischen Lift daher kam. Diese Variante konnte mit Kerosin oder Benzin fahren, doch Valmet brauchte die Diesel-Option, und die kam mit dem 33 Direkt-Einspritzer, mit dem 2,7 Liter großen Dreizylinder-Motor der Firma und 37 PS bei 2.000 U/min. In Hinblick auf das skandinavische Klima war ein zuverlässiger Kaltstart unerlässlich und Valmet behauptete, dass die neue Maschine anstandslos auch bei niedrigen Temperaturen bis zu -25°C zünden würde.

Ab dann wuchs Valmets Angebot rasant an, indem größere und stärkere Traktoren zum Sortiment hinzu kamen. Der erfolgreiche 361D kam Mitte 1961 heraus, er hatte mit seinen 42 PS noch mehr Leistung als der quadratisch ausgelegte 33. Gegen Mitte der 60er-Jahre waren fast 15.000 von ihnen verkauft worden und wurden außerdem von einer portugiesischen Firma in Lizenz gebaut. Eine Variation des Themas stellte der leichtgängige 363D mit Allradantrieb dar, der mehr für die Forst- als für die Landwirtschaft ausgelegt war. Der 361 wurde später modernisiert und mit 52 PS zum Valmet 565, neben dem es auch den 864 mit 77 PS und Achtganggetriebe gab.

Völlig neu war der Valmet 900 von 1967, mit hydrostatischer Servolenkung und einer gummigelagerten, integrierten Kabine, um Geräusche und Erschütterungen zu reduzieren. Der 900-Vierzylinder-Diesel erhielt schnell einen Abgasturbolader und wurde zum 102 PS starken 1100, während der kleinere 502 sein Debüt mit einer anderen Kabine, diesmal mit flachem Boden und verbesserter Ergonometrie, gab. Der Sechszylinder 1502 hatte sechs Räder, aber war zu teuer für die schwierigen 70er-Jahre, um sich in höheren Stückzahlen zu verkaufen. Aber er brachte mit dem 3,3 Liter großen Dreizylinder-Diesel einen neuen Motor mit; ein neuer Vierzylinder kam noch hinzu. Auch diese erhielten wieder Abgasturbolader zur Leistungssteigerung.

1979 vereinigte sich Valmet mit Volvo, um gemeinsam den so genannten »Nordic-Traktor« zu entwickeln, und da der Schwede 1985 abzog, erbte Valmet eine vollständig neue Traktorenfamilie. Trotzdem kam die Firma an die Grenzen ihrer Produktionskapazitäten, und sowohl der neue Mega 8300 als auch der 8600 der 80er-Jahre wurden von Massey Ferguson für Valmet gebaut. Eine andere gemeinsame Unternehmung, diesmal mit Steyr (aber Steyr ging ebenfalls früher) führte zu den neuen Motoren der 20er-Serie und die 79–105 PS der Mezzo-Reihe.

Die Rezession der 80er-Jahre traf Valmet hart – die Produktion wurde reduziert und es gingen Arbeitsplätze dabei verloren, als die Finnen versuchten, ihre Bestände an unverkauften Traktoren aufzulösen. Mitte der 90er-Jahre war Valmet wieder auf gutem Wege, auch wenn jetzt immer öfter dem neuen Besitzer Partek zu Gefallen der Name Valtra benutzt wurde. Mit komplett neuen Traktor-Modellreihen sicherte sich Valtra, wie die Firma nun heißt, eine gute Startposition für das Rennen der Hersteller ins 21. Jahrhundert.

Unten: In der Tat ein Aufbruch: Der Sechszylinder 1502 mit sechs Rädern war leistungsstark (135 PS) und geschickt, aber zu teuer.

Unten: Ein Valpadana 8080, typisch für die kleinen Maschinen mit Allrad-Antrieb, die diese italienische Firma für die Arbeit in Weinbergen baute. Valpadana-Entwürfe wurden in den 70er-Jahren ebenfalls von Ebro in Spanien gebaut.

Valpadana, Italien

Valpadana aus Italien baute Miniatur-Traktoren mit Vierradantrieb für die Arbeit im Weinberg und auf Obstplantagen, wo wenig Platz vorhanden ist. Neben ihrer geringen Größe waren die Valpadanas der 60er-, 70er- und 80er-Jahre äußerst ausgeklügelte Konstruktionen. Der 4RM260 zum Beispiel, besaß einen 26 PS Zweizylinder-Motor mit Luftkühlung, was für maximale Manövrierfähigkeit sprach und hatte dazu noch einen Vierradantrieb. Wahlmöglichkeiten umfassten eine Dreipunkt-Geräteaufhängung, Servolenkung und ROPS (= roll over protection system). Valpadane beschränkte sich aber nicht nur auf Maschinen mit geringer PS-Leistung, der 7070 Kompakt-Traktor besaß 68 PS.

Vendeuvre, Frankreich

Als unabhängiger Hersteller von Traktoren war die Geschichte von Vendeuvre in der Tat sehr kurz. Mit Sitz in Paris, aber auch in der Stadt Vendeuvre sur Barse, baute die Firma stationäre Motoren und Dreschmaschinen für den Zweiten Weltkrieg. In den 50er-Jahren kamen Traktoren hinzu, hauptsächlich kleine luftgekühlte Ein- und Zweizylinder-Maschinen, aber sie hatten auch einen Dreizylinder mit 4,0 Litern Hubraum im Angebot. 1959 kaufte Allis-Chalmers Vendeuvre als Basis in Frankreich, schloss das Werk aber schon fünf Jahre später.

Oben: Ein viel gebrauchter Vendeuvre, der hart gearbeitet hat. Die Karriere dieser Marke war relativ kurz, da ihre Fabrik schon 1964 durch Allis-Chalmers geschlossen wurde.

Links: Die meisten Maschinen von Vendeuvre hatten Ein- oder Zweizylinder-Motoren, auch wenn später auch noch ein Dreizylinder angeboten wurde.

Ganz links: Vielleicht kein geläufiger Name, aber Vendeuvre hatte bis zur Übernahme durch Allis-Chalmers 1959 bereits 25.000 Traktoren hergestellt.

Oben: Das Model R von Vevey aus dem Jahr 1958 mit einem Vierzylinder-Diesel von Perkins mit 2,36 Litern – dieser treue 4.236 war der Antrieb von zahllosen europäischen Traktoren.

Vevey, Schweiz

Die Schweizer Stadt Vevey ist bestens dafür bekannt, dass sie der Hauptsitz des riesigen Nestlé-Konzerns ist, aber sie gab ihren Namen auch einer Reihe von Traktoren. Wie auch Bührer, begann Vevey in den 30er-Jahren, in diesem Falle 1936, mit dem Traktorenbau. Und wie Bührer, aber auch viele seiner Landsleute, boten sie von Beginn kleine, aber technisch fortschrittliche Maschinen an. So war zum Beispiel ein Fünfganggetriebe schon Standard, als die meisten anderen Traktoren mit drei oder vier Gängen auskommen mussten. Zu dieser Zeit war Minneapolis Moline of the USA einer der wenigen Hersteller mit fünf Gängen ab Werk.

Der erste Vevey-Traktor bot auch einen CLM Gegenkolben-Zweitakt-Motor oder den konventionelleren Viertakt-Diesel von Saurer zur Wahl an. Nach dem Zweiten Weltkrieg erhielten die Fahrzeuge dann Bud-Lanova-Motoren, waren auf verschiedenste Weise bemerkenswert fortschrittlich und einige hatten gefederte Frontachsen. Andere Veveys hatten eine unabhängige Zapfwelle in der Mitte eingebaut, was es ihnen ermöglichte, mit Arbeitsgerät, das mittig oder hinten angebracht war, gleichzeitig zu operieren. Die Firma beendet die Traktorproduktion 1962, um sich auf Turbinen und Bauteile für Straßenbahnen zu konzentrieren.

Wolgograd, Russland

Die Sowjetunion baute die größte nationale Traktorenindustrie der Welt auf, mit etwas über 20.000 produzierten Maschinen im Jahre 1940 und bis zu jährlich einer halben Million oder mehr zu Beginn der 70er-Jahre. Die große Fabrik in Wolgograd war nur eine von vielen, aber sie allein baute während der 70er-Jahre 70.000 DT Raupenschlepper. In den 60er-Jahren war der DT75 ein typisches Beispiel der Wolgograder Produktion, ein 72 PS starker Raupenschlepper, der mit einem 10 PS-Hilfsmotor gestartet wurde, mit gefederten Leiträdern für seine Metallketten, einer Stahlkabine und umfassender Hydraulik.

Gegenüber: Ein Wolgograd DT75M, ein Super-Traktor mit Vierrad-Antrieb der in den späten 60er-Jahren dieselbe Leistung bot wie ein amerikanischer oder europäischer Hochleistungsschlepper, aber zu einem wesentlich geringeren Preis.

7010

Volvo, Schweden

Der 1927 gegründete Automobil-Hersteller baute 1943 seinen ersten Traktor, als der Zweite Weltkrieg den Markt für zivile Fahrzeuge schrumpfen ließen. Von Beginn an war Volvos Traktorenbau eng mit Bolinder-Munktell verbunden, der Volvo T44 von 1944 war dem BM GBMV-1 äußerst ähnlich, hatte aber einen 4,3 Liter-Motor anstelle des BM Halbdiesels. Ebenfalls teilten die einander sehr ähnlichen Modelle BM10 und Volvo T21 einen Getriebetyp. Rund 30.000 rote Traktoren mit Volvo-Markenzeichen (BMs waren grün) wurden bis 1959 gebaut, bis die beiden Modellreihen zusammengelegt wurden.

Rechts: Ein Volvo BM650; das »BM« zeigt die Herkunft dieser Reihe von Bolinder-Munktell. Der 650 war mit einem 4,2 Liter Vierzylinder-Diesel mit 78 PS und Sechzehngang-Getriebe ausgerüstet.

Oben: Dieser Traktor von Wahl ist ein W12 mit Zweiyzylinder-MWM-Dieselmotor, einem Standard-Motor mit geringer Leistung, den viele kleine europäische Hersteller »von der Stange« kauften.

Wahl, Deutschland

Mit Sitz im schwäbischen Balingen war die Firma Wahl der erste deutsche Hersteller, der die Traktorenproduktion nach dem Zweiten Weltkrieg wieder aufnahm, nachdem er eine der vielen, durch die Bomben der Alliierten stark zerstörten Fabriken gekauft hatte. Die Gesellschaft selbst bestand schon lange, denn Karl Wahl hatte schon seit 1908 Landmaschinen gebaut und ab 1935 waren Traktoren mit wassergekühlten MWM-Motoren hinzugekommen.

Als die Produktion 1947 wieder begann, bestand sie aus der bekannten Vorkriegskonstruktion mit einem 24 PS starken MWM-Motor und einem Getriebe von ZF. Der Markt für kleine Traktoren war in den Nachkriegsjahren besonders groß, da Deutschland mit dem Wiederaufbau begann und es bestand eine große Nachfrage nach Wahls Ein- und Zweizylinder-Maschinen. Sie waren in einem angenehmen, dem von John Deere nicht unähnlichem Grün lackiert. Die Traktoren erhielten ihre Typenbezeichnung entsprechend ihrer Leistung, wie der W15 und der W25, die später zum W17 und W40 wurden. Neben dem Dreizylinder gab es auch noch einen Ein- und einen Zweizylinder.

Als sich jedoch die 50er-Jahre ihrem Ende zuneigten, ging der Markt für kleine Traktoren zurück, und trotz neuer Modelle und Optionen, einschließlich Hatz- oder MWM-Motoren, begannen sich Wahls Verkaufszahlen nach unten zu bewegen. Ein Versuch mit Exporten nach Italien, Griechenland und Belgien war nur von geringem Erfolg gekrönt.

Wahl beendete seine Produktion 1960 und begann als deutscher Agent für David Brown zu arbeiten. Der Vertrag endete, als David Brown seine eigene Tochtergesellschaft in Deutschland gründete, was gleichzeitig auch das Aus für Wahl bedeutete.

Oben und gegenüber: Ebenso wie Valmet in Finnland und Nuffield in England reagierte auch Zetor nach dem Zweiten Weltkrieg auf das dringende Verlangen nach einfachen, zuverlässigen Traktoren.

Rechts: Der 3045 war für seine Zeit wettbewerbsfähig, aber auch der erste Zweizylinder von Zetor war mit seinem serienmäßigen Dieselmotor als und einem Sechsgang-Getriebe schon relativ fortschrittlich.

Zetor, Tschechoslowakei

Osteuropäische Produkte sind oft als technisch minderwertig gegenüber ihren westlichen Gegenspielern angesehen worden – billiger vielleicht, aber eben auch veraltet. Doch diesen Vorwurf kann man dem tschechischen Zetor-Konzern kaum machen. Nicht nur dass die tschechische Nation vor dem Zweiten Weltkrieg eine ausgeprägte Tradition im Ingenieurswesen besaß, die ersten Traktoren von Zetor waren tatsächlich für ihre Zeit sehr fortschrittlich.

Das Zetor-Werk war Teil eines großen Rüstungsbetriebs im tschechischen Brünn und stellte bis 1944 Munition in Massenproduktion her, als alliierte Bombardements es schwer beschädigten. Doch das weitsichtige Management blickte schon in Richtung kommender Friedenszeiten und gab die Entwicklung eines Traktors in Auftrag, der den Bedürfnissen der tschechischen Bauern Rechnung trug. Der Prototyp war innerhalb weniger Monate fertig, und als der Krieg endete, ging

Oben: Es folgten größerer Zetors, wie dieser Vierzylinder 3545, der später auch als Sechszylinder-Turbo herauskam.

schon ein Jahr später der kleine 25A in Produktion. Er gehörte mit 25 PS zur mittleren Leistungsklasse, besaß aber einen Zweizylinder-Dieselmotor, während die meisten Traktorenhersteller die Möglichkeit des Dieselantriebs noch nicht anboten, und hatte ein Sechsganggetriebe als Standard, als nur vier Gänge die Norm waren.

Der 25A war erfolgreich und Zetor ließ ihm bald eine größere Vierzylinder-Ausgabe mit 30 PS folgen. Es folgten weitere Zetors und sie stellten sich als so robust und verlässlich heraus, dass in den 50er- und 60er-Jahren Lizenzvereinbarungen getroffen wurden, sie auch in Übersee, wie Indien und dem Irak, zu bauen. Das ganze Sortiment wurde in den frühen 60er-Jahren durch eine Reihe mit Zwei-, Drei- und Vierzylinder-Maschinen abgelöst, die alle verschiedenste Bauteile teilten. Es gab ein Zehnganggetriebe, einen hydraulischen Lift von Zetormatic und gleichzeitig war Zetor einer der ersten Hersteller, der sehr sichere Kabinen ab Werk lieferte. Man verschlief auch nicht die Turbo-Revolution, und so hatte Zetor einen Sechszylinder mit Abgasturbolader, den 12011, ebenfalls im Angebot. Dank der ökonomischen Umstände Osteuropas blieb ein Zetor billiger als vergleichbare Fords oder Massey Fergusons, was zu dem Ergebnis führte, dass viele Exemplare in den Westen exportiert wurden.

Nach dem Zusammenbruch des Ostblocks stand die Firma dann aber vor ihrer größten Herausforderung, als sie nun dem rauhen Wind des globalen Wettbewerbs ausgesetzt war. Sie bekam Unterstützung durch eine Vereinbarung mit John Deere, technisch einfachere Deeres für den asiatischen und afrikanischen Markt zu bauen. So schaffte Zetor in der Tschechischen Republik den Übergang ins 21. Jahrhundert und bietet heute ein vollständiges Sortiment an Traktoren von 43–110 PS sowie eine Reihe von Kompakt-Traktoren.

Oben: In neuerer Zeit bot Zetor weiterhin Traktoren mit moderner Technik, aber zu geringeren Peisen als die westliche Konku-renz an.

Links: Dieser Zetor 9540 gehörte Richard Stevens, der diesen Traktor auf seiner kleinen Farm bei Bodmin in Cornwall einsetzte.

Index